精进之路

千万年薪的秘密

悟三分　著

清華大學出版社

北　京

内容简介

作者经过多年的职场打拼，摸索和总结出了一套职场进阶的"道"与"术"。本书第一部分讲解了精英的思维、态度及能力；第二部分展示了我们普通大众的一些弊病，并探究了原因，警醒读者，让其从"被人忽悠"和"忽悠自己"及迟迟不行动的状态中走出来；第三部分也是本书的最后一部分，解答了读者平日的困惑，帮助读者调整心态，促使其尽快行动起来。

图书在版编目(CIP)数据

精进之路：千万年薪的秘密 / 悟三分著. —北京：清华大学出版社，2017
ISBN 978-7-302-48261-1

Ⅰ. ①精… Ⅱ. ①悟… Ⅲ. ①成功心理—通俗读物 Ⅳ. ①B848.4-49

中国版本图书馆 CIP 数据核字(2017)第 207799 号

责任编辑：张立红
封面设计：梁　洁
版式设计：方加青
责任校对：王思杰
责任印制：沈　露

出版发行：清华大学出版社
网　　址：http://www.tup.com.cn，http://www.wqbook.com
地　　址：北京清华大学学研大厦 A 座　　**邮　　编**：100084
社 总 机：010-62770175　　**邮　　购**：010-62786544
投稿与读者服务：010-62776969，c-service@tup.tsinghua.edu.cn
质 量 反 馈：010-62772015，zhiliang@tup.tsinghua.edu.cn
印 装 者：三河市铭诚印务有限公司
经　　销：全国新华书店
开　　本：170mm×240mm　　**印　　张**：16　　**字　　数**：230 千字
版　　次：2017 年 11 月第 1 版　　**印　　次**：2017 年 11 月第 1 次印刷
定　　价：58.00 元

产品编号：076207-01

前　言

写这本书的灵感来源于我成长道路上的支持者和引路人——我的师父叶毓政（Chin Yap）先生。他是加拿大籍华人，曾担任国内多家大型上市公司的独立董事、管理顾问和高管教练。在我见过的职场人中，他是年薪最高的。2010年开始，他以职业经理人的身份，在中国三线城市的传统零售业发展，每年可拿到税后1000万元的薪酬。

与许多上市公司高管们加班加点、熬心费神地透支生命不同，他从2010年到2014年，每月仅工作1周；从2015年开始，他进入半退休状态，每年仅工作4次，每次1周。在这样级别的城市、这样的行业中，以这样的工作时间能拿到这样级别年薪的“打工仔”在中国并不多见。与一些喜欢炫耀自己的人不同，他如隐世高手般低调，极少与媒体接触。

武侠小说里的主角们一般最后都会成为高手，但他们没有一个是自学成才的。他们要么是误打误撞，得到武林高手的真传后，加以修炼成为高手；要么是走路时不小心掉到坑里，捡到一本武林秘籍，加以修炼后成为高手。

他们有一个共同点——有明确的“参照物”。这个“参照物”要么是人（武林高手）的言传身教，要么是物（武林秘籍）的方向指点。幸运的是，我在对的时间遇到了师父，得到了这位绝世高手的“武功”真传。这么多年来，如果学费是按照他的年薪除以工作时间计算的，也许我接受的就是世界上最贵的MBA实战教育。

从认识师父的那一刻起，我就一直在思考：为什么他能够年薪千万？他是怎样成为职场精英的？他究竟掌握了哪些别人不知道的生存秘密？基于对这些问题的思考，我尝试写出一本 “职场心法秘籍”，供想成为精英的职场人参考。通过理解和运用这些心法，我自身也在职业成长上得到了

快速发展。

许多人会认为，职场精英恐怕应该具备三头六臂、出神入化之能，想达到他们的水准，难度应该犹如登高峰险岳吧？由于职业的需要，这些年我接触了近千位高端人才，通过深入的沟通与了解，我发现他们并不像多数人想象的那么超凡脱俗、难以企及。其实，他们在职场的精进之路上都运用了一些简单的逻辑方法，遵循了一些容易理解的原则。核心秘密就蕴藏在他们内心最深处的“心智模式”之中。

心智模式根植于心中，由影响我们如何了解这个世界、如何采取行动的假设、成见、印象、思维等组成，它既是我们对周围世界如何运作的既有认知，也是我们认识事物的方法和习惯。心智影响行为，行为造就结果，结果改变命运，命运决定人生！如果没有刻意的思考和练习，我们通常很难察觉到自己的心智模式，以及它对我们行为的影响。

比如，人生中的贫寒和困苦并不可怕，可怕的是日常生活中不起眼的小挫折。被蚊子叮到，我们会痒；被开水烫到，我们会疼，但是因为它们太平常了，我们感觉不到。因为没有感觉，我们会渐渐忘记最初的梦想，忘记自己想成为怎样的人，从而庸庸碌碌地度过一生。这就像筷子兄弟的歌曲《老男孩》中的歌词：“当初的愿望实现了吗？事到如今只好祭奠吗？任岁月风干理想，再也找不回真的我。”

许多人都想象自己有一个美好的未来。有人想创业，这样可以开豪车、住豪宅；有人想成为职场精英，比如成为总监、总经理、总裁。几乎没有一个人愿意一辈子做一个平庸的人，找一个和自己一样平庸的伴侣，平庸地度过一生。但其实，这就是大部分人的人生。

大部分人会成为“8020原理”中的“80”，“长尾理论”中的“长尾”，“金字塔结构”中的“底层”。大部分人都从事着普通的工作，然后幻想自己会和其他的普通人不一样，认为自己未来会变得不普通。现实告诉他们这很难，于是他们开始采用“悦纳疗法”，即在某一刻选择忘记梦想，接受自己的平庸，觉得“随大流”也没什么不好，最终成为自己曾经最不想成为的“庸人”。

曾经怀揣梦想的人其实内心深处并不愿意承认、也不愿意接受自己的平庸。我们不满于现状，总想比别人过得更好一些；我们渴望被这个社会认可，渴望成为别人眼中的社会精英。可是，我们又为此做过什么呢？

由于心智模式的驱动，绝大多数人做出的行为对实现梦想没有任何帮助。比如，某女生的梦想是嫁给一个“高富帅”。先不讨论这个梦想本身的好坏与对错，如果她不知道控制自己的饮食任由自己发胖，不注重保养容颜，不懂得提高自己的涵养，不懂得理解和体谅别人，撒娇、任性、不懂礼数，那么试想，这个女生实现梦想的可能性有多大？

许多人只是有梦想，却不愿为这个梦想付出或者不知道该怎么付出，最终梦想成为泡影，他们自己也成为那“大部分人”中的一个。然后他们会尽量给自己找个心理上可接受的理由来安慰自己，但午夜梦回之时，他们会时不时觉得哪里不对劲，最终纠结地度过余生。

良好的心智模式可以帮助人们战胜自卑和恐惧，克服惰性，发掘自己的潜能，使人们的工作变得更有成效；而不良的心智模式会影响人们的成长，阻碍人们的发展，让人们离“真相”越来越远。

人无完人，每个人的心智模式都有缺陷。然而，大多数人却自我感觉良好，对自身的问题视而不见。有时候，不是我们的智商和情商太低，而是我们陷在“局”里，“只缘身在此山中”。这时候，我们就需要一个声音、一段画面或者一本书来警醒自己。

职场的门在“外面”，它是显性的，通常是你有什么样的学历、毕业于什么学校、学的什么专业、有什么样的经验、做出过哪些成绩等这些相对明确的标准决定你能不能进得去这扇门。而职业发展的门却在“里面”，它是隐性的，往往不是看“硬件”，也不是看努力和勤奋，它看的是做事时的眼界、格局、思路和方法，说到底，还是看你的心智够不够成熟。

那么，要怎么找到并打开那扇职业发展之门呢？

除了一个纯粹的梦想、一个美好的愿望外，还有什么能帮助我们打开它呢？

为什么努力了，却见不到成效呢？

为什么学习了，却没有改变命运呢？

为什么懂了那么多道理，却依然过不好这一生呢？

这些问题，在本书中你都会找到答案。

目　录

PART 1　精英有哪些值得我们学习的地方

PART 2　嘿，快醒醒吧

PART 3 要怎么办呢

PART 1

精英有哪些值得我们学习的地方

第1章

精英的思维有什么独特之处

思维方式是指看待事物的角度、方式和方法，它对人们的行为起决定性作用，是影响人们成就大小的重要因素。如果我们拥有正确的思维方式，就可以在处事与处世时事半功倍；反过来，如果我们过于依赖传统的框架思维，就会在低效率甚至无意义的思考中浪费许多时间。

图1.1

1.1 要先苦，还是要先甜

我和师父就这本书的结构设置讨论了一番。

我的观点是：本书的第一、二、三章应该作为第七、八、九章放在最后。此种结构的逻辑非常符合一个人的传统思维：打人一巴掌（本书的

第七、八、九章），问句你还好吗（本书的第四、五、六章），然后给个甜枣吃（本书的第一、二、三章）。市面上许多书都是类似的逻辑结构。

为什么把甜枣放在最后？因为直接放在前面，大家就不觉得这颗枣有那么甜了。这是先颠覆后重塑，“先苦后甜”的逻辑，有时容易被读者接受。如果我们在前面把甜枣都吃完了，那后面的枣吃起来就没有味道了。这应该没毛病吧？

师父的观点却与我恰恰相反，他认为先让大家感受“甜”，感受完这些“甜”之后，也许对后面的“苦”的印象会更深刻。或者，大家感受完这些“甜”之后，内心被滋润了，后面的“苦”感受与不感受都不那么重要了。

师父给我讲了一种思维方式：因为经历过物资匮乏的年代，中国许多老年人都有一种习惯，就是菜吃不完剩下后，他们会用保鲜膜包好放到冰箱里，留着下一顿再吃。但是下一顿只吃剩菜又不够，他们还要做一个新菜。新菜吃不完剩下了，他们又用保鲜膜包好放到冰箱里，下顿再接着吃……如此下去，每顿他们都在吃剩菜。

同样的道理，某个人收到一箱苹果，他不舍得吃。后来要吃的时候，他发现有一些苹果已经开始烂了。他把烂的部分削掉，新鲜的部分似乎还可以吃。于是为了节省，他开始吃这种经过“处理”的烂苹果。可当他吃完这些烂苹果以后，那些原来完全新鲜的又烂掉了。于是，他继续拿出烂苹果开始吃。最后，吃完了这一箱苹果，他发现自己一直都在吃烂苹果，没吃过一个完全新鲜的苹果。

图1.2

要先苦，还是要先甜？这是一个很有意思的思考。

师父给我讲过一个故事。

木瓜头部往下的那个部分是最甜的。小时候，他母亲总是教给孩子们吃木瓜的时候要先吃尾部再吃头部。这样先吃的部分虽然不甜，但最后吃到的部分是甜的。

而他通常是吃完头部以后，剩下的就不吃了，然后接着吃下一个木瓜。好处是什么呢？他可以知道这些木瓜中哪个是最甜的。他把最甜的那个木瓜的籽保留下来，种在土里。所以，虽然他只吃了一部分木瓜就把剩下的丢掉了，看起来有些浪费，但他后来得到了一个木瓜园，有一大堆最甜的木瓜和几千粒最甜的木瓜籽。他依然可以每天只吃木瓜那最甜的头部。

而别人呢？墨守传统思维习惯，从尾吃到头，一次吃一个。看似节省，却不知道哪个木瓜最甜。而且他们吃完不会保留木瓜籽，不去想怎么种木瓜，还以为木瓜这种水果本来就应该是没什么味道的。

也许，这就是思维方式的差距。

这种思维方式同样会影响管理者管理企业。有些管理者永远只看到下属的短处，看不到下属的长处，永远在批评他们。有时候这类管理者倚老卖老，认为自己是从企业创业的艰难时期苦过来的，现在的这帮下属都没有经历过当初的那种苦，和当初的自己相比，现在的下属是处在“甜”的环境中的。这类管理者的潜意识是不能让下属好过，要让他们也“苦”一点。这种思维呈现出来的管理方式就是不断严格要求、不断批评和责骂。

而师父永远在尝试看到别人好的方面，给他们的心灵种下一粒种子，使他们可以自己去耕种，让这粒种子结出更多、更好的果实。管理者应该鼓励下属每一个微小的进步、每一个微小的成长、每一个微小的成就，这些“微小”加在一起，就会产生很大的成就。

古往今来，人们都在宣扬“先苦后甜”是人间正道，及时享乐是罪大恶极。“先苦后甜”成为人们乐于接受的传统思维。

钱锺书在《围城》中说：“天下只有两种人。譬如一串葡萄到手，一种人挑最好的先吃，另一种人把最好的留在最后吃。照例第一种人应该乐观，因为他每吃一颗都是吃剩的葡萄里最好的；第二种人应该悲观，因为他每吃一颗都是吃剩的葡萄里最坏的。不过事实上适得其反，缘故是第二种人还有希望，第一种人只有回忆。”

但生活不是“套公式”，别人给了我们一套“先苦后甜”的公式，我们就一定要按照这个公式来解题吗？曹冲称象的故事尽人皆知，在老师“套公式”的讲解下，许多人至今都非常敬佩他。但是，仔细想一想，用石头称象真的是当时最好的方法吗？当时，有很多士兵在场，让士兵代替石头上船，当偏差在一个士兵体重时，再搬一些石头上船校准不就行了吗？何必要士兵们来回搬运那些笨重的石头呢？

图1.3

世事都不是单一的，也不是绝对的，面对“套公式”般的传统思维，有时候我们反过来想，会发现别有洞天。

传统的破冰船是靠船自身的重量压碎冰块前进的，因此，船头需要采用高硬度的材料制成。这就使船头十分笨重，不便于调整方向，所以这种传统的破冰船非常害怕从侧面冲来的海水。

科学家打破传统的思维，变向下压冰为向上推冰，让破冰船潜入水下，依靠浮力从冰的下方向上方破冰。新破冰船设计得非常灵巧，不仅节约了许多原材料，而且不需要很大的动力。遇到较坚厚的冰层，新破冰船能够像海豚一样上下起伏前进，破冰效果非常好。如果不打破传统思维，会有这种改进吗？

先苦还是先甜？这不仅是打破思维束缚、突破传统思维方式的智慧，也是博弈中“赢”的智慧。如果用数值来表示苦和甜，苦的数值为-10，甜的数值为10。先苦有两种可能性：A.先苦后苦，用数值表示是-10-10=

-20；B.先苦后甜，用数值表示是-10+10=0。先甜也有两种可能性：C.先甜后苦，用数值表示是10-10=0；D.先甜后甜，用数值表示是10+10=20。D项的值最大，C项和B项相等，A项的值最小。

如果考虑人对苦与甜前后的感受变化，则各项数值会有所变化。A项先苦后苦，苦的数值因先前的苦而减一半，用数值表示是-10-5=-15；B项先苦后甜，甜的数值因先前的苦而翻一倍，用数值表示是-10+20=10；C项先甜后苦，苦的数值因先前的甜而翻一倍，用数值表示是10-20=-10；D项先甜后甜，甜的数值因先前的甜而减一半，用数值表示是10+5=15。此时，D项＞B项＞C项＞A项，先苦的总值为A项+B项=-15+10=-5，先甜的总值为C项+D项=-10+15=5。

以这种方法来算的话，选择先甜完胜（网络用语，胜过）选择先苦。没有人喜欢苦，先甜了不一定后苦，但是先苦了，那一定是苦过。哪个更智慧呢？未来遇到这类选择时，你敢不敢逼自己一下，选择先甜呢？

1.2　先知先觉，先舍后得

我曾问过师父两个问题，第一个问题：什么是他认为的职场人应具备的最重要的思维？第二个问题：怎么做才能像他一样拿到千万年薪？对于这两个问题，他的回答相同，都是八个字——先知先觉，先舍后得。

他说："先不要管我的年薪有多少，也不要考虑年薪中有几个零，我们先把它看成1元。当你要从别人那里拿走1元时，你可以先问一下自己，有没有能力给对方10倍的回报，也就是10元。如果有，那么你这1元可以拿得心安理得。

"如果你能给对方创造1000万元的净利润，那对方给你100万元又算什么？如果你能给对方创造1亿元的净利润，那你从对方那里拿1000万元又有什么问题？拿的和给的都心安理得，每个人都会愿意给出你为他创造的价值的10%。

"当然，拥有这种能力并不是一件容易的事，它要求我们具备一定的与管理学、行为学、心理学相关的技能和经验，知道怎么给老板创造1亿元的净利润。可即便我们拥有了创造价值的能力，但没有先知先觉、先舍后得的思维方式，最后也只会是竹篮打水一场空。

“永远为对方着想，这是一种共赢的思维方式，是一种先让对方得、再让自己得的思维方式。永远先为对方的利益着想，为公司着想，为结果着想，不要先想自己。这样做的结果是永远对得起自己，永远对得起别人。”

图1.4

“舍与得”不仅是一种人生态度，更是一种人生境界。人往往都在舍与得之中成就自己。世上没有绝对的平等，只有相对的持平。对于舍与得，不可求其绝对均等。关键在思维，有些人总觉得自己付出很多而所得很少，所以不愿再付出，其结果只会是步入一个狭隘的小天地，禁锢了自己的发展。

舍与得不是简单的“吃小亏占大便宜”的想法，而是一种舍以己为先、得以德为本的辩证思想。这里的“舍”是一种奉献，有时候是一种无私的奉献；“得”是一种追求，有时候是一种精神上的追求。

雨果（Victor Hugo）在自己的《悲惨世界》中讲过一个故事。

主人公冉·阿让在一个风雨交加的夜晚，昏倒在路上，被好心的神父救起。他却在神父睡着的时候，把神父房间里的所有银器席卷一空。因为他已经认定了自己就是一个坏人，就应该干坏事。不料，在逃跑的途中，他被警察逮了个正着，人赃并获。

当警察让神父辨认失窃物品时，冉·阿让绝望地想：“这下完了，

看来我的余生只能在监狱中度过了！”可谁知，神父却温和地对警察说：“这些银器是我送给他的，他走得太急，还忘了拿一件更名贵的银器烛台，我这就去取来！”

这件事令冉·阿让的内心受到了巨大的震撼。在警察走后，神父对他说：“过去的就过去了，重新开始吧！”从此，冉·阿让洗心革面，重新做人。他搬到了一个新的地方，努力工作，积极上进。后来，他成功了，并且他毕生都在救济穷人，做了大量对社会有益的事情。

冉·阿让是幸运的，他遇到了一位品德高尚的神父。神父没有因为他偷窃银器而责怪他，而是包容了他的过错，这份包容改变了他的一生。神父的“舍”，换来了冉·阿让的“得”；冉·阿让对过去的自己的“舍”，换来了全新的自己的“得”。

当我们蹒跚学步时，如果父母不舍得放开我们的手，说不定我们到现在还不会走路；当我们获得一次成功时，如果我们不舍弃自己的骄傲，说不定就没有下一次的成功；当我们遇到挫折时，如果不舍弃自己的挫败感，说不定会一辈子活在失败的阴影之中。

不舍弃自己的挫败感
永远也逃不出它的阴影

图1.5

圆柱形的海参一根肠子通到底，身体一端是嘴，另一端是肛门，中间是一些可起消化及呼吸作用的管子。海参自卫的方式非常特别，当它被人类抓住时，它的肛门会喷出又黏又湿的管线及杂七杂八的东西，这些东西会缠到人们的手指上。当人们还来不及“脱手”时，海参就趁机溜走了。

碰到螃蟹前来招惹或大敌压境时，它也同样会乘势而逃。虽然排出的黏稠成团的内脏器官，让人惨不忍睹，但它却能“无脏一身轻”地从容离去。只要经过几周，海参就可以重新长出一套新的“引擎”。

舍方能得。海参能舍人之难舍，也能得人之难得。不居名，才能自由思考；不眷恋权势，才能真正为社会做一番贡献；不受成见、欲念束缚，才能求得正直之言语、端正之品行、平和之情怀、安定之心念，才能避免执着地陷于名利、权势、欲望之中，才能使生活过得更充实。

舍与得既是一种处世的哲学，也是一种做人做事的艺术。舍与得就如水与火、地与天、阴与阳，是既对立又统一的矛盾概念，相生相克，相辅相成，存于天地，存于人世，存于心间，存于微妙的细节，囊括了万物运行的机理。

鱼和熊掌这两样事物似乎比较容易选择，因为两者相差甚远。可生命中的大多数选择并不是如此简单的。我们常听到有人劝告他人：做人要懂得权衡利弊。他的意思是把舍与得放在一个天平的左右两个盘中，当得大于舍的时候就做，当得小于舍的时候就放弃不做。可现实生活中哪有这么简单的事情？世间的万事万物都可以相互转化，它们都处在不断的变化发展之中，我们很难对舍与得做出正确的判断。

人生中，我们左右为难的情形时常出现，比如，面对两份同样具有诱惑力的工作，我们该选择哪一份？面对两个同样具有诱惑力的追求者，我们该选择哪一个？身处两难境地，我们必须尽快做出理智的选择。如果我们长时间地在两难之间犹豫徘徊、患得患失，到头来可能两手空空、一无所得。但我们不必为此感到悲伤，能抓住机会，得到人生的一部分美好已经是很不容易的事情了。

在印度的热带丛林里，人们会用一种奇特的狩猎方法来捕捉猴子。人

们在一个固定的小木盒里放上猴子爱吃的坚果，在盒子上开一个小口，刚好够猴子的前爪伸进去。一旦猴子抓住坚果，爪子就抽不出来了，因为猴子有一个习惯，不肯放下已经到手的东西。

《百喻经》里也有一个关于猴子的故事，说从前有一只猕猴，手里抓着一把豆子，在路上一蹦一跳地走着。一不留神，手中的豆子掉了一颗，为了这颗掉落的豆子，猕猴马上将手中其余的豆子全部放在路旁，趴在地上，转来转去，东寻西找。然而，它始终找不到那一颗豆子的踪影。最后猕猴只好用手拍拍身上的土，准备拿原先放在路旁的豆子。怎知不仅那颗掉落的豆子没找到，原先那一把豆子也全都被路旁的鸡、鸭吃得一颗不剩了。

人们会嘲笑猴子的愚蠢。为什么不松开爪子放下坚果逃命呢？为什么要放下那一把豆子去找那一颗豆子呢？如果我们审视一下自己，也许就会发现，我们有时候也会像猴子一样——为了追求某种事物，一味地投入，到头来得到了一点却失去了更多。

猴子愚蠢在不懂放手
人呢

图1.6

为了得到金钱而劳神伤身，失去了健康；为了得到事业而无暇顾家，失去了亲情……有一得必有一失，有一失也必有一得，得与失就是人生的一大轮回。

在对待舍与得上，人们会有几种态度。一种是得了高兴，舍了苦恼，这种态度最常见；一种是得了不高兴，舍了也不高兴，这种人活得最无趣，因为他们没得到时担心得不到，得到了又嫌得到的不够多，更害怕得到的有一天会失去。他们患得患失、食不甘味、夜不能寐，人生还有何快乐可言？

还有一种态度是得之坦然，舍之淡然；得之不喜，失之不悲。对于别人之得，不攀比、不嫉妒，借别人之得，为自己辨差距、明方向；对于别人之舍，不旁观、不消极，借别人之舍，为自己振精神、创未来。这才是对待舍与得的正确态度。

“先知先觉，先舍后得”是一种境界，是历尽跌宕起伏后对世俗的一种坦然，是饱经人间沧桑后对财富的一种感悟，是运筹帷幄、充满自信的一种流露。只有达到“先知先觉”的境界，才会懂得“先舍后得”的奥妙；只有懂得“先舍后得”的奥妙，才能获得职业或事业上的成长。

小提示：如果搞不清“先知先觉，先舍后得”的道理，往往也会搞混人生的顺序。比如，不是因为收获了才去付出，而是因为付出了才有收获；不是因为成长了才去承担，而是因为承担了才有成长；不是因为有机会才去争取，而是因为争取了才有机会。

1.3　为什么做比做什么更重要

有一次吃饭，师父问桌上的人：“你们去山上砍树，山上一共有两棵树，一棵树是粗的，另一棵树是细的。你们只能选择砍掉其中一棵，你们会选哪一棵？”

问题一出，大家有些不解，说：“砍那棵粗的！”

他笑了笑，说：“如果那棵粗的是一棵普通的杨树，不值钱，而那棵细的却是红松，那你们会砍哪一棵？”

大家想了想，红松比较珍贵，就说：“那就砍红松吧，因为杨树不值钱！”

他带着不变的微笑看着大家，问：“那如果那棵杨树是笔直的，而那棵红松却七歪八扭、不成样子，这时候你们会砍哪一棵？”

大家越来越疑惑，有人说：“如果这样的话，还是砍杨树吧。红松弯弯曲曲的，什么都做不了呀！”有人说：“还是应该砍红松，即便红松再

弯曲，价值还在，还是可以做成一些小工艺品的。”

他目光闪烁，大家已经猜到他又要加条件了，果然，他说：“杨树虽然笔直，可因为时间太长，中间已经空了。这时，你们会砍哪一棵？”

虽然搞不懂他葫芦里卖的什么药，但大家还是从他所给的条件出发，说：“那看来还是要砍红松了，杨树中间都空了，没有用！”

他紧接着问：“红松虽然不是中空的，但它弯曲得太厉害，砍起来非常困难，那你们会砍哪一棵？”

终于，有人问：“叶总，您到底想测试我们什么呢？”

他收起笑容了，说：“你们怎么就没有一个人问我，砍树到底是为了什么呢？虽然我的条件不断变化，可是最终结果取决于最初的动机。如果想要取柴生火，就砍杨树；如果想做工艺品，就砍红松。你们当然不会无缘无故提着斧头上山砍树了！”

图1.7

有时候工作结果不重要，重要的是在工作过程中，我们能不能解释为什么这么做。不要说是因为上司叫我们这么做，而要用我们自己的脑袋去想，我们为什么这么做。如果一个人只知道“怎么做”，那他充其量是“木匠”；如果知道“为什么做”的话，那他才是管理者，才是领导者。

“为什么做”是人类行为的核心。这其实来源于西蒙·斯涅克（SimonO. Sinek）提出的“黄金圈法则”。

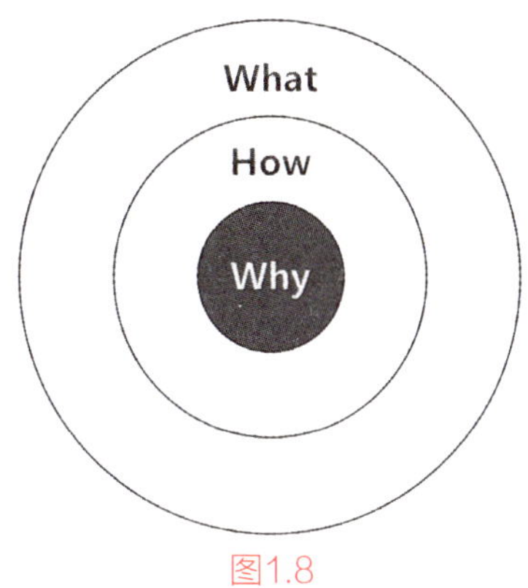

图1.8

大部分人的思考方式、行动方式、交流方式都是由外向内的，即What—How—Why的过程；而许多成功的领袖或领导者、行业领军的企业或组织的管理者，他们的思考、行动和交流的方式都是由内向外的，即Why—How—What。

比如，很多电脑公司说服别人购买自己产品的时候是这样说的："我们生产电脑，它们性能卓越，使用便利，快来买一台吧！"而苹果公司传递信息的顺序恰恰与之相反："我们永远追求打破现状和思维定势，永远寻找全新的角度。方式是我们会设计出性能卓越、使用便利的产品。电脑只是我们产品的一种，你想要买一台吗？"

这个思维方式的核心是：要想成功地影响他人，最关键的不在于传递"是什么"的信息，而在于给出"为什么"的理由；人们最在乎的并不是实现供需之间的匹配，而是达成彼此信念之间的契合。

个人的职业发展同样遵循黄金圈法则。大多数情况下，人们都是由外向内地思考。大部分人先观察What，即看自己公司的同事和上级在做什么，还有什么是他们做了而自己没有观察到的，该如何划分这些工作的属性，它们之间的关系如何，这些工作对既定目标有什么作用。

有一部分人，在此基础上开始有所思考，开始考虑How，即考虑该如何做这些工作才能达到既定目标，如何做才能精进能力以达到卓越水平，从战略到执行，又是如何保证落地实施的。

然后一小部分人，开始思考取得成长进阶和管理精髓的关键之处，就是考虑Why，即思考为什么要做这些工作，而不是其他的。

当完整地走完由外向内的几个步骤之后，我们才会在职业上有所成长。而我们真正成为高手的标志，是开始由内向外地思考。

“外行看热闹，内行看门道”说的就是，外行或功力浅的人只能看到所做工作的表面；有一定功力的人能透过现象看到工作的本质，能够掌握如何做出这些工作的SOP（标准作业程序）乃至注意事项；而高手不仅能全面地看到表象What，还能掌握方法How，更能参悟到做这些工作的根本原因Why。我们应把“由外向内”的思考转为“由内向外”的思考，以“为什么做”为始，以“怎么做”为桥梁，以“做什么”为终。

宾夕法尼亚大学沃顿商学院的研究人员曾做过一项实验，他们让大学呼叫中心的员工给校友们打电话进行募捐。这些员工被随机分为三组，并接受了一定的培训。他们让第一组员工了解从事这份工作的好处，比如，沟通能力、销售技能等可以得到有效提高；让第二组员工分享之前受捐助学生们的经历，分享这些捐赠给受捐学生们带来的价值；让第三组员工知道如何打电话，并请求校友们捐款。

一个月后，研究人员发现第一组和第三组员工在实验开始后从校友们那里募捐到的金额几乎与以前一样；但是第二组员工，也就是让员工分享之前受捐学生们的经历，分享这些捐赠给受捐学生们带来的价值的一组，他们募捐到的金额比以前高一倍以上。

理解了自身工作创造的价值，也就明白了自己的工作的重要性。这会让人们产生强烈的使命感，即了解“为什么做”，可以有效地激励人们去获取更好的结果。

拿职场中最常见、最普通的行政文员来举例，我们常听到有人抱怨行政文员这种工作“没有前途”“注定工资低”“做的都是垃圾工作”。可是，总有那么一部分行政文员走上了主管、经理、总监的岗位；也有一些行政文员，虽然没有进入管理岗，但是薪酬却是那些普通行政文员的10倍。

为什么？差别在哪里呢？一般的行政文员只会低头做事，上级让他做什么，他就做什么；优秀的行政文员做事非常利落，效率很高，掌握了一套做事情的方法，总能圆满完成工作任务；卓越的行政文员会解释和证明自己做的事情，他们不仅能够把事情做好，还能告诉别人自己为什么要做这件事。

那些知道“怎么做”的人通常会有一份糊口的工作，而那些知道“为什么做”的人即便是给别人打工，拥有的也是一份事业，他们通常会从优秀走向卓越。

想象一个情景：

你站在纽约世贸双子大厦其中一栋楼的楼顶（110层，离地面400多米），对面那栋楼上放着一堆钱，两栋楼之间用一块0.5米宽的木板连接，木板周围没有任何防护措施。只要你能走过去，这些钱就属于你。如果你不小心掉下去，必死无疑。

接下来，问题来了，当这些钱达到多少的时候，你愿意从木板上走过去拿呢？

50万元？100万元？1000万元？

有人会说：“这也太危险了！这么高，太难了！臣妾实在是做不到呀！”

如果钱变得越来越多，增加到了10亿元？100亿元呢？如果我们走过去，不但自己一生荣华富贵，儿孙的财务问题都解决了。

这时，一定会有人思想逐渐发生变化，觉得这件事情似乎也没想象中那么难。但也一定会有一部分人，就算把钱加到1000亿元，也不愿意冒险走过去，因为，对这部分人来说，有比钱更重要的东西——生命！

然而，如果把情况变一下，对面站着的是你可爱的3岁儿子，他站在楼顶，无助、恐慌地望着你，声嘶力竭地呼喊着：“爸爸，妈妈！快来救我啊！我好害怕啊！”你不过去救他，就会有人把他从那栋楼上推下去，时间非常紧迫，容不得太多迟疑。

这时，你又会有什么感受呢？你有没有觉得，这栋楼似乎也没那么高了？你有没有感到，走过去似乎也没有那么难了？你有没有体会到，恐惧似乎也没有那么难以克服了？多数人此时心中会涌上一股莫名的力量和信心，唯一的念头就是不能让自己的心肝宝贝受到任何伤害，且开始确信，自己一定可以做到，根本不再去想自己也许做不到的事情。有些人甚至会毫不犹豫地朝前面奔去，完全不管自身的安危……

现在，回到一个原始的问题，在这个世界上，我们到底要什么？

100亿元，甚至1000亿元，也不能等同自己孩子的价值！

100亿元，比不上我们自身的生命；我们自身的生命比不上我们的挚爱的生命！

什么更重要？

什么更值得追求？

什么更能激发我们无穷的力量？

也许，正是我们的所爱！

图1.9

其实，我们每个人的梦想就是我们的所爱！有些人发现不了它，是因为我们还没有让它成形，没有让它长大，没有让它长到“3岁”！

我们总听到身边有人说，“我不知道怎么做”“我做不到”“我不会做”等。正如上面“100亿元”和“3岁儿子”的选择，其实，我们的“理由”已经决定了结果！

“为什么做”是我们做事情的动机和理由；“怎么做”是我们做事情的方法和策略；“做什么”是我们必须付出的努力和代价。

那些所谓的没有方法、中途放弃、困难太大是因为没有强大的动力，或者说没有强烈的梦想！

没有强大的“为什么做”的动因，再好的“怎么做”的方法，我们也未必可以运用得当，未必能取得想要的成果；有了强大的“为什么做”动因，“怎么做”的方法、“做什么”的动力便会自然获得和拥有。

1.4　用结果换价值，用价值换市值

我有一个大学同学，平常吊儿郎当，不学无术，却是一个“面霸”。面试同一家公司，在我们看来比他优秀得多的人没有被录用，他却可以顺利通过。同期毕业的同学中，他拿到的offer（录用通知）最多。当时，同学们都向他请教面试经验，他还能一本正经地说出个一二三，比如，如何给面试官留下一个好印象，如何让面试官相信你一定可以胜任工作，如何让面试官觉得你是一个全力以赴的人。

结果，几年过去后，这个同学的工作换了一个又一个，但还是做着基层的工作。上次同学聚会，我还听到他说他对目前的公司不满意，公司对他也不满意，他又想换工作。那个当初在面试时被他比下去的同学，已经在公司中非常重要的管理岗位任职，管理50人的团队了。

这位“面霸”同学面试的时候竭尽全力，能够把对手一个一个击败。一旦进入公司，成为正式员工之后，他就没有了面试时所表现出来的激情和进取，而是恢复了平常的得过且过。也许，当他有一天真正明白公司为什么要录用他的时候，他才有可能会改变吧。

在这个世界上，每个人的机会都是均等的，所谓的怀才不遇一般都是假的。如果某人的才能是唱歌，那么就参加选秀节目、做网络主播、把自己的作品放到网上，用别人的认可来证明自己；如果某人擅长跑步，那么就站到赛场的起跑线上，用速度和金牌证明自己的实力。

“苏珊大妈”是当时《英国达人》自开播以来最“雷人”的一位选手。面对身材臃肿、满脸皱纹、顶着一头乱发，不仅打扮老土而且长相更让人无法恭维的苏珊，评委西蒙·克威尔（Simon Cowell）漫不经心地发问：“你的梦想是什么？”当时已47岁的苏珊诚实地回答：“做专业歌手，成为像伊莲·佩姬（Elaine Paige）那样的歌星。”这一回答引来了台下的阵阵笑声。

当音乐响起，苏珊开始演唱音乐剧《悲惨世界》中的歌曲《我曾有梦》。评委和在场观众被她浑厚而富有感情的天籁之音所震撼，所有的鄙夷瞬间变成了欣赏，全场起立、掌声震耳。她的比赛视频被上传到

YouTube，轰动全球，成为2009年4月中旬全球网络点击量最高的视频，甚至远远超过美国前总统奥巴马就职典礼的点击量。

外表平凡却满怀梦想、才华洋溢的她，用天籁之音扭转人生。首张专辑《我曾有梦》打破英国专辑上线首周的销量纪录。2009年她当选美国《时代》杂志“全球最具影响力人物”第七名，2010年凭借第二张专辑《礼物》成为史上第一位，以两张大碟于同一年拿下英美两地流行排行榜第一名的女歌手。2010年，她的专辑销量打破三项吉尼斯世界纪录。

这位曾经靠100多英镑的生活费过一周的英国大妈，如今的身价已经达到了每分钟8333英镑，也就是说，她每唱一秒钟，主办方就要付给她140英镑，这个数字让很多天王巨星都望尘莫及。

这个没有长相、没有身材，甚至没有品位的英国大妈，凭什么成功？就是凭她做出来的结果。这就是结果的力量！在一次次的比赛中，决定“苏珊大妈”一路走下去的不是评委，不是电视台，而是千千万万的观众——她的客户。

所以，那些说自己怀才不遇、说自己是千里马却没有被伯乐相中的人应该知道，如果真的是千里马那就出来遛遛，做出一些结果让大家看看，证明你比别人更好。这个证明和学历、年龄、长相、经验都没有关系，唯一与之相关的就是为“客户”做出的结果。

站上属于自己的舞台

图1.10

2004年，刘翔以12.91秒的成绩获得冠军，打破了由英国选手科林·杰克逊（Colin Ray Jackson）创造的世界纪录，成为中国第一位夺得奥运会田径金牌的男子选手。颁奖仪式上，刘翔身披中国国旗、高举双臂、意气风发地跳上冠军领奖台的画面已经成为中国体育史上永恒的经典。

在2005年赫尔辛基世锦赛上，刘翔在决赛中跑出13.08秒的成绩，以0.01秒的劣势获得亚军，赢得了中国军团在本届比赛上的唯一奖牌。转年，他在国际田联超级大奖赛洛桑站的决赛中，以12.88秒的成绩打破了沉睡了13年之久的男子110米栏的世界纪录。

2007年大阪世锦赛决赛中，刘翔上演“第九道奇迹”，以12.95秒的成绩获得冠军，成为集奥运会冠军、世锦赛冠军和世界纪录保持者于一身的男子110米栏“大满贯”得主。刘翔的职业生涯攀升到了前所未有的高峰。

赛场上的种种成就彻底改变了这个年轻人的生活。他成了全民偶像、广告商的宠儿，获得了一个又一个荣誉称号，他的夺冠事迹甚至被写进了小学教材。

然而，在2008年北京奥运会上，刘翔右脚跟腱伤复发，遗憾地中途退赛了。这位一直被奉为神话的中国体坛骄子，让比赛现场的万千“翔迷”伤心不已，甚至大声骂他“懦夫”。社会上各式各样的舆论如汹涌的浪潮般把这位天之骄子吞没了。

很快，以前处处可见的刘翔代言的广告开始淡出人们的视野。虽然许多赞助商发声表示会继续支持刘翔，可事实上，无论是撤掉刘翔改用其他代言人还是干脆在广告中剪掉运动员的画面，他们已经通过实际行动对刘翔退赛做出了更真实的表态。业内人士估计，经过此番退赛，刘翔个人的损失将超过1亿元。

在2009年10月的全运会上，刘翔再次夺冠，成为全运会历史上第一位男子110米栏的“三连冠”选手。这是刘翔伤愈复出后夺得的第一个冠军，现场6万名观众为他欢呼。他所到之处，观众激情振奋，大声呼喊着：“刘翔！刘翔！”

此后不久，中央台及地方台的电视画面上，沉寂已久的刘翔代言的广告再次铺天盖地地呼啸而至。刘翔再一次被掌声与鲜花包围，那些曾唾骂他的人也都一起发出赞誉之声，仿佛他们从来就没有伤害过他。刘翔又回来了！人们期待刘翔在2012年伦敦奥运会上重新证明自己，登上最高峰。

然而正如刘翔所言，就在他对夺冠充满憧憬时打击再次袭来。2012年7月，他在伦敦钻石联赛上脚伤再次复发，预赛时忍痛跑了13.27秒。尽管刘翔想在伦敦奥运会上拼一把，但事实证明他没有成功。

从初出茅庐时的2个代言，到巅峰时期的17个代言，再到全身而退，刘翔的商业代言数目从侧面反映了他运动生涯的浮沉。

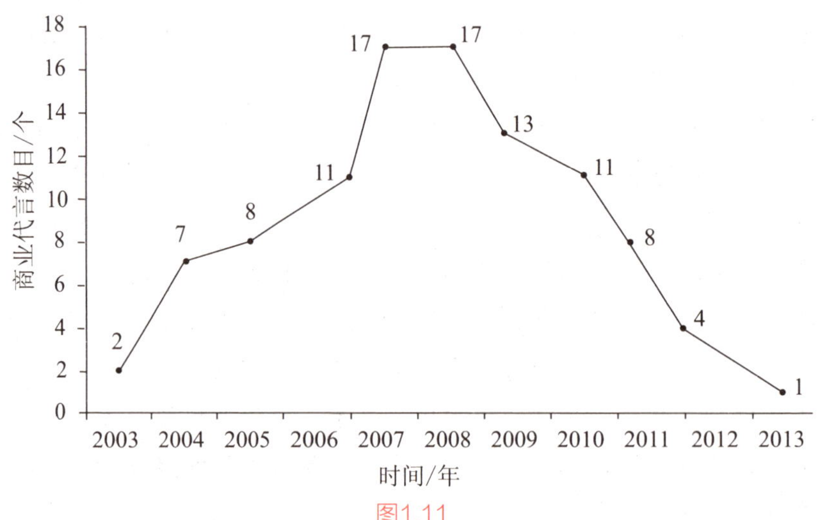

图1.11

两次退赛对刘翔的商业价值都有致命性的打击。2008年北京奥运会前，刘翔的年收入达到了约1.6亿元；而在2012年，这个数字是2160万元。

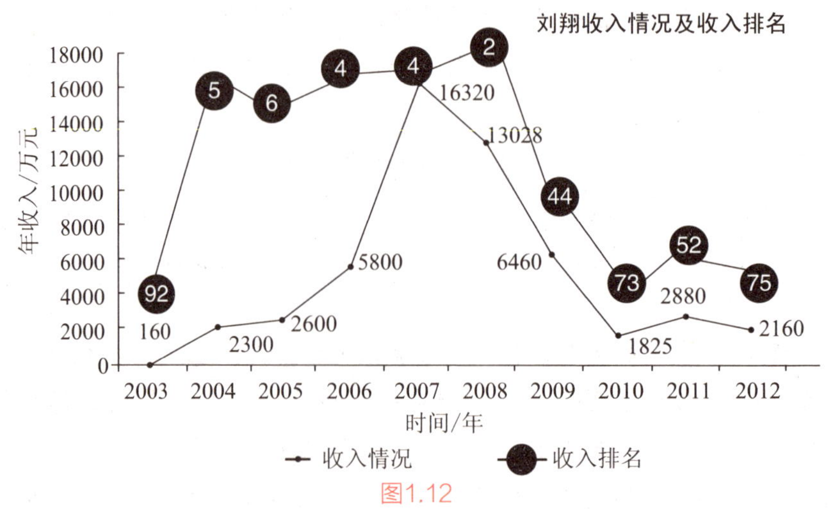

图1.12

有人宣扬“结果并不重要，重要的是过程”。这多半是在自欺欺人，持这种观点者多因没获得过自己想要的结果，只好退而求其次，宣扬“重在参与”。可有多少人真的只在乎过程，不在乎结果呢？其实说到底，没有结果就意味着一种失败。人们对于成功的定义，见仁见智，而对失败却往往只有一种解释，就是没能达到我们的奋斗目标，没有获得我们想要的结果。

比尔·盖茨（Bill Gates）曾经说：“这个世界不会在乎你的自尊，这个世界期望你先做出成绩，再去强调自己的感受。”

社会发展一日千里，但是企业唯一不变的追求依然是结果。可以这样说，结果是企业永恒的追求；结果来自过程，过程决定结果，但是最终结果将决定一切。

选手做不出结果，会被赛场淘汰！

士兵做不出结果，会被战场淘汰！

公司做不出结果，会被市场淘汰！

员工做不出结果，会被社会淘汰！

我们周围有许多人抱怨自己工资太低；抱怨学历、才华、能力不如他们的人却能得到上司的赏识，升职加薪；抱怨企业的工资和福利不如别的企业好；抱怨企业定的绩效考核指标太高；抱怨工作太忙、太累……

只是一味地抱怨
没有任何意义

图1.13

一个人的价值究竟是由谁评判的？人是社会动物，每个人都生活在社会之中，每个人都是社会人，都需要向社会交出答卷，以得到社会的认可。所以，一个人的市场价值显然不是由我们自己来感受和评判的，而是由社会来评判和认可的。

1994年，“打工皇帝”唐骏刚进微软，在人才济济的微软，他只是一个微不足道的工程师。当时，微软正在向全球推广Windows操作系统的多语言版本。微软开发多语言版本的思路是先开发英文版本，然后再将英文版本移植到其他语言的版本上去。所以，其他语言版本都比英文版本晚好几个月上市。

唐骏希望改变这一切，他有了一个新思路：改变Windows操作系统的内核构造，把英文内核变成国际语言内核，使移植过程大大简化。

于是，在6个月内，唐骏每天下班后回家加班，将每个部分做成一个具有代表性的模块，这可以充分展示他的思路的正确性。方案基本成熟后，唐骏向分管副总裁汇报并演示了自己的研究成果。

副总裁听了他在模块改进方面的专业意见后，成立了一个由30个人组成的项目组，让他当总经理。最终他创造了所有语言版本一次性开发成功、统一发布的历史，为微软抢夺了市场上的主动权，多获得了数亿美元的利润。

唐骏为什么能够脱颖而出？主要因为他有3个了不起的地方：

（1）微软多语言版本计划的实施需要几百位专家一个接一个语种开发，耗时、耗财又耗人力。作为新人的唐骏，并没有仅仅抱着完成任务的态度被动地工作，而是从全局的高度看到了这个思路的局限性。当然，相信看出这个思路有局限性的不只唐骏一人，所以光具备这一点并不能成为一流的员工。

（2）他看到了这点后，下决心要解决这个难题，并且立即行动，着手研究解决方案。当然，光有决心也不够，还需要有进一步的、持续的行动。

（3）他并没有为了实施他的想法跟公司讨价还价，他用下班后的私人时间研究全新的解决方案。他研究解决方案没有影响他的正常工作，也没有损耗公司的财力和物力。

想象一下，当比尔·盖茨发现一个新进工程师提出了一个相当专业和成熟的模块改进方案，这个方案不仅大大简化了原有的研发思路，能让多语言版本同时面市，提前3个月抢占市场，而且能让几百人的专家团队缩减至30人……他是不是震惊不已、欣喜若狂？

唐骏的方案被微软接纳的同时，微软任命唐骏出任专家团队的总经理。微软的任命，是因为唐骏为企业做出贡献在先，展示他的专业能力在后。

作为职场中的个体，想要获得更多的薪水、更高的职位、更大的发展空间，只有一条途径，就是不断让自己变得更有价值，而不是将自己的命运交给企业和老板。只有自己先成长了、工作更高效了，才有可能获得自己想要的东西，才有权利获得更多的选择。

唐骏说："比别人多做一点点，成功的机会就会比别人多10倍。"多想、多做、多思考，才可以避免怀才不遇！企业中有很多人很聪明，一眼就能看到问题，但有的人只会抱怨，而有的人却能够解决问题、创造价值。

1.5　没有数据，不要说话

美国管理学家、统计学家爱德华兹·戴明（Edwards Deming）说："除了上帝，任何人都必须用数据说话。"

一名合格的领导者或管理者，在做决策之前，一定要有数据做支撑。没有数据就随意做决定，那叫"拍脑袋""凭感觉"。越重大的决策，越要依靠数据。我参加过一个关于数据的培训，听了一个《射雕英雄传》版本的荒岛售鞋的故事。

郭靖和杨康被成吉思汗派去桃花岛进行射雕牌运动鞋的市场拓展。郭靖和杨康一上桃花岛就惊讶地发现这里的居民全部赤着脚，没有一个人穿鞋。

杨康一看这场面，倒吸一口凉气，说："这下完了，这里根本没市场！"郭靖却不这么想，他掏出手机给成吉思汗打了个电话，汇报这里的情况。面对桃花岛这个空白的市场，郭靖在电话里说："桃花岛人口众多，但信息闭塞。现在全岛居民全部赤脚，在运动鞋市场上没有任何竞争对手，这是一片茫茫的蓝海，市场将为我们独霸！可喜呀，可喜！"

这时杨康听不下去了，抢过电话说："大汗，别听郭靖瞎嚷嚷！市场虽没有竞争，但并不代表一定是蓝海。在竞争激烈的大背景下，我们轻而易举地找到了蓝海，您觉得可能吗？难道阿迪、耐克这些国际巨头会发现不了？我看岛上肯定有几百年流传下来的不穿鞋的生活习惯，短期内无法改变，所以各路英雄都只能望而止步！可惜呀，可惜！"

成吉思汗比较理性，听完了郭靖和杨康的一番话，他说了一句话："继续调研，要用数据说话！"然后他就把电话挂了！

一周之后，杨康率先给成吉思汗发了一封邮件，附件是一份调研报告。杨康的调研报告里详细地记录了他与他精心选取的150位居民的谈话内容，以及他抽取居民样本时科学合理的甄别条件，最后的结论就是：岛上居民全部（100%）以捕鱼为生，脚一年四季泡在水里，根本就不需要穿鞋！

看到这封邮件成吉思汗没有马上做决策，而是继续等。等什么呢？等郭靖的结论！

又过了两天郭靖终于打来了电话。他在电话里说了3句话："这个市场可以做！因为岛上的居民每周都要上山砍柴，并且十有八九脚都会被划破！更可喜的是，这两天我用美男计泡到了岛主的女儿黄蓉，她答应给射雕牌运动鞋做形象代言人！"

在桃花岛投资卖鞋，到底要不要做这笔生意呢？故事到了这里，似乎应该有个结论了吧？非也，成吉思汗听完后的回答还是一句话，不过比第一次多了几个字："继续深入调研，用详实的数据论证。"

为什么呢？难道这些数据还不够详实吗？是的！因为关于是否可以在这里投资，成吉思汗脑袋里还存在大量的疑问。比如：

（1）难道竞争对手真的没来过，还是对方论证后发现真的不可行？对方是怎么论证的呢？

（2）山上会不会有人要开伐木厂？如果有了伐木厂，居民就不用上山砍柴了，到时候送柴上门，鞋也就没用了。

（3）为什么居民一周才上一次山？他们是不是在使用太阳能？

（4）运动鞋的运输成本、营销成本、销售成本是多少？前期预估的销售规模有多大？周转有多快？投资收益率到底有多高？

…………

从这个故事中，我们至少能得出三点启示：

（1）正确的决策需要充分的数据来论证。

（2）面对同一个数据，不同的人会说不同的话。

（3）真实的数据并不一定能推导出正确的结论。

数据并不简单等于数字，它包括数字在内的所有信息，或者说，数据就是事实。

用数据说话

图1.14

有些人习惯于定性而不是定量，很不在意支撑结论的数据，随意、凭直觉的判断和“拍脑袋”的决策随处可见。这样的思维模式至今仍深深地影响着我们。

胡适在《差不多先生传》中，对有些人对于事实、对于数据的轻慢，也有着非常惟妙惟肖的描述。

受传统文化的影响，我们喜欢讲究“大道无术”，即文化强调的是悟性，而不喜欢讲究量化，这导致许多民营企业不重视数据。“大道”并非一定“无术”，事实和数据精神是商业文明的基本底线。在企业管理上，从高层、中层到基层员工，都必须摒弃“说故事、拍脑袋”的做事方式，要建立“讲事实、摆数据”的做事方式。

当员工汇报工作结果时，我们不要再听“业绩完成得比较出色”“取得了较大的进展”“遇到了较大的困难”“还存在较多的问题”这样含糊的说法，要让他们拿事实和数据说话，不要靠感觉和主观意向判断。

麦当劳高效和标准化的服务给顾客留下了很深刻的印象。麦当劳的成功显然不是靠哪个领导者的精明能干，也不是靠哪个员工的无私奉献，而是靠精确的工作流程。

麦当劳的工作流程以数据表达为主，麦当劳数据量化的标准包括：

（1）原材料的标准：在送货时，奶浆的温度超过4℃必须退货；面包不圆、切口不平的不能要；每块牛肉饼从加工开始要经过40多道质量检查关，有一项不符合规定标准，就不能出售给顾客；餐厅的所有原材料都有严格的保质期和保存期，如生菜从冷藏库拿出来后，只有2个小时保存期，超过这个时间就必须处理掉。

（2）精确到0.1毫米的制作标准：严格要求牛肉原料必须为精瘦肉，由83%的肩肉和17%的上等五花肉精制而成，脂肪含量不得超过19%，绞碎后，一律按规定做成直径为98.5毫米、厚为5.65毫米、重为47.32克的牛肉饼；无论国内国外，所有分店的食品质量和配料相同，并有各种操作规程，如煎汉堡包时必须翻动，切勿抛转等。

（3）保存期的标准：按照麦当劳的规定，各种食品的保存期是不相同的。三明治的保存期为10分钟，炸薯条7分钟，苹果派10分钟，咖啡30分钟，香酥派90分钟。

（4）有关关爱顾客的标准：麦当劳所有分店的柜台高度都是92厘米，因为据科学测定，不论高矮，人们在92厘米高的柜台前掏钱感觉最方便；可乐的温度均为4℃，因为这个温度的可乐味道最为甜美；面包均厚17毫米，面包中的气泡直径均为0.5毫米，因为这样的面包在口中咀嚼时味道最好、口感最佳。

正是这样的运营标准，保证我们无论在世界上哪一家麦当劳餐厅用餐，都能吃到味道一样的汉堡包、炸薯条。

图1.15

关于数据分析，有几点需要注意：

（1）数据不能代表一切，盲目相信数据和完全不看数据的结果一样。

（2）一定要弄明白每个数据背后的深层含义，而不是只看表面含义。

（3）数据分析是一个严谨的逻辑推理过程，要保证客观性。

第2章

精英的态度有什么不同之处

态度控制人的情绪和意志，决定行为的方向和质量。积极的态度可以使人朝气蓬勃，消极的态度会让人悲观沮丧。无论做任何事情，成败的关键往往不在于一些客观因素，而在于我们面对挫折和苦难的态度，是想尽办法努力解决，还是躲躲闪闪刻意回避，抑或停滞不前干脆放弃。

如果因为山高而不去攀登
就永远看不到山那边的美景

图2.1

2.1 诚实是效率最高的策略

我第一次见到师父是在集团总部的会议上，他带着集团的常务副总经理和高管团队检查人力资源部的工作。那个时候的我负责青岛分公司的人才培训和发展工作，恰巧当时人力资源总监安排我在总部做内部培训的课程体系建设，所以我被叫去一起开会。

传说他“杀人不眨眼，做事不留情”。虽然每个月他只来公司一周，但每当他来的那段时间，公司就像被一团乌云笼罩了，员工们仿佛都生活在他的“阴影”之下。

在前几个会议中，因了解到许多问题，他大发雷霆。检查工程设备部，他当场开除了两名员工；检查采购部，他将三位高级经理降职；检查运营部，他直接撤职了运营总监、下属会员管理部的负责人以及解散了一个设有八人的子部门。被开除的和被解散部门的员工直接办手续走人；被降职的经理，愿意留的，做最基层的员工；不愿意留的，也直接办手续走人。

人力资源部刚给这帮“倒霉鬼”办完手续，就轮到自己了，所有人都战战兢兢。会议果然和预期一样，开始不久气氛就非常紧张。很快，会议到了汇报人才培养与发展结果的环节，他提到了各层级、各岗位的培训计划。

他说：“我想看一下你们都有哪些培训课程。”

看着培训课程的列表，他很快注意到“运营基础数据分析”这门课。国内许多民营企业对数据管理的了解很浅，那段时期他恰巧在推广如何用数据做管理，所以对这门课比较敏感。

“这门课谁来讲？”他问。

“叶总，是我讲。”我答。

“请你给我简单地介绍一下这门课的背景，以及你要怎么讲？”他接着问。

我回答：“这门课是针对基层主管以及后备干部学习数据分析概念的引入课，目的是让大家掌握我们平常开会时经常提到的运营报表中例如毛利率、成本、费用等名词和数据背后的含义，让大家能看懂一般的运营报表。

“这个课程的原版内容是财务部门提供的，原来的开头是毛利率、成

本、费用这些指标的定义，然后就直接是如何分析报表。我在实际授课中发现大家很难理解和掌握这种模式，于是改用了案例式教学，比如以一个小商贩晚上出来摆摊卖玩具的案例作为开头。”

“等一下，谁让你改的？”我没说完，他就打断了我。

“嗯，没有谁，我就是发现了这个问题，就改了。”我有点紧张。

“你改完以后跟谁汇报了？谁批准了？”他开始严肃起来。

“嗯，这个，没跟谁汇报，我就是发现原来的有问题，改进后更好，就改了。”我更加紧张。

“你根据什么说原来的有问题？”他似乎有一些生气，瞪大了眼看着我。

“那个，我实际讲授时发现原来的课程太理论化、太概念化了，加了案例后大家的接受度明显比以前更高了。”我突然有些平静，因为我认为这个改动没问题，是对公司有利的。

“你是谁？做什么的？这个东西你说改就能改？”他眼睛瞪得更大了，变得非常严厉，全场已经鸦雀无声，每个人的汗毛都立起来了。

“我是……这门课程从总部推出到现在，我讲过不下10次，讲课中发现确实有问题，我认为这个改动有利于大家接受课程内容。培训的目的是让大家学到课程的内容，而传达方式决定了大家的接受程度，我修改的是传达方式，为的是让大家更容易理解、更快速地接受。”我反而更加平静。

他转向了在场的其他人，带着嘲讽的口气说道：“总部推出的规范化课程，一个区域分公司的人就可以随便改？如果在公司中，任何人觉得标准化流程制度有问题，都可以自己改，想象一下以后公司会成什么样？你们说呢？”

我看到在场的许多人朝着他坚定地点头。有人看我的眼神中透露着嘲笑，有人的眼神则表达着怜悯。

他转向我说：“年轻人，你觉得呢？”

“我觉得我没改规范化的东西，我只是修改了传达方式，让大家更容易接受。”我小声说。

他突然开始拍着桌子咆哮：“年轻人，你别不识好歹！你的意思是你没有问题，我有问题？我没有时间跟你在这里继续瞎扯！看你年轻，不跟你计较！对这个问题，你如果再有异议，就给我滚出去！我已经开除了这么多人，你要不要做下一个？”

“但是我真的认为我这么做没有错。”我小声地说了一句。

“好，你给我滚出去。”他喊道。

然后，我就真的“滚”了出去……

图2.2

在我“滚”出去后不久，会议很快结束了。回到部门以后，有人说是因为我触怒了高层，他们不想开了；有人说我替人力资源部的兄弟们挡了“子弹”，是“英雄”；有人说我已经可以收拾东西，准备离开这家公司了。

第二天一大早，他叫我去他办公室。

他说：“年轻人，我想要开除你，不过我可以给你45分钟的时间。你来说服我，为什么我不应该开除你？”

当我说了15分钟的时候，他开口了。

他说：“停下吧，我已经大概知道你是一个什么样的人了。一个人讲5～10分钟，就已经告诉别人他是谁了。我昨天就知道，你要么是没脑袋，不然就是脑袋还可以，我只是想试探你一下而已。”

说着他站起来关上了办公室的门。

“如果我是你，昨天坚持自己观点的时候就不会说那么小声，我会大声而且坚定地告诉每个人我是对的。如果你知道自己为什么做这件事，那么当有人问你的时候，你理应有胆量去告诉别人。声音要洪亮，你声音那么小别人还以为你自己也搞不清楚状况。

“昨天我在骂你的时候，其实观察了在场每个人的表情和行为，我在看有没有人敢替你说话。他们是顺着高层错误的逻辑，还是敢于说真话。结果是，我感受到了你的真诚。你就像《皇帝的新衣》里那个小男孩，你的诚实是公司所缺少的！我想让你给我做助理，不过助理是你在保证本职工作完成的前提下的兼职，你可能会很辛苦，想清楚再回答，你愿意吗？”他接着说。

“我愿意。”我受宠若惊。

后来，他跟我说：“我想起昨天我在骂你的时候，你的表情异常平静。这是一个好的态度，因为你能接受别人的批评。这跟我年轻的时候很像，有人批评我，我不会马上用一个恶劣的态度回应对方，我会仔细考虑对方讲的是什么，也许真的是我有问题。

“其实我昨天演戏就是要看你们谁是有潜力的。我想利用发脾气来看谁可以给我一个好的反馈。你这种人可能就是我要找的人，因为你们不会为了上级发脾气而软弱，你们为了做好一件事情，会不顾一切。”

当包括我自己在内的所有人都以为我会被开除的时候，竟然出现了逆转。这件事让我明白了一个道理：不畏强权、对自己诚实、对公司诚实的态度，原来是一种这么宝贵的品质。

公司的人多了，就有了“江湖”，有“江湖”的地方，就会有政治。人们变得不再单纯，变得不是想着怎么把事情做好，而是想着怎么让自己活下去以及怎么让自己活得更好。

为了公司存续，核心管理层不得不默认和接受一些干部、员工所做的的表面文章。他们都明白，可又能怎么办呢？也许，这就好像《皇帝的新衣》里的皇帝，为了面子，他撒了谎，对自己不诚实、对国家不诚实。难道他自己不明白？难道大臣们不明白？难道国民们不明白？

其实他们都明白！可是明白又能怎么样？骑虎难下之际，还是要揣着明白装糊涂，还是要继续参演这场闹剧，还是要继续编织这个谎言。虚伪的人们，因为贪婪和恐惧，恬不知耻地说着谎话。而故事中的那个小男孩，对于国民和大臣来说是一个异类，但对于皇帝来说，他应该感到高兴，因为在这个国家中，还有一个敢说真话的人。

图2.3

诚实，似乎是一个很俗的话题，却很少有人能真正做到。难在哪里呢？难在多数人以为有些时候选择“不诚实”对自己是有利的，以为虚伪和阿谀奉承是自己安身立命的根本，以为投机、厚黑、奸诈的人更容易获得财富，而诚实的人只会被认为是傻帽。

就像曾经有人劝我：“叶总是外来的‘和尚’，他是赚快钱的，早晚有一天是要走的，他不怕得罪人，所以他有啥说啥。我们不一样，我们是要在这个企业中继续生存的。你不能学他，哪能发现问题了就说？那叫不走脑子！谁能十全十美？谁还没有点问题？你说出来，那别人不是很没面子？没面子了，不就把他们都得罪了？他们将来有机会就去高层那里给你‘穿小鞋’，你还怎么活？所以，多一事不如少一事，能少说就少说，能不说就不说。”

怎么样？是不是像极了《皇帝的新衣》里的大臣和国民？

我发现，诚实其实是一种效率相对高的策略。为什么这么说？我们不需要从“中华民族五千年的传统美德”这么不着边际的角度去思考，就遵

从“经济人假设”，把人看成完全追求物质利益而进行经济活动的主体，都希望以尽可能少的付出，获得最大的收获，继而仿照企业运营，从效益、效率、成本、风险四个维度的理性角度来分析。

1. 诚实可以增加效益

人无法完全孤立地活下去。一个人的力量有限，为了活下去，人与人必然要相互支撑。我们需要与陌生的人相互帮助、相互交易。但天下之大，为何偏偏与A交易而不与B交易？为何偏偏与A交心而不与B交心？为何领导提拔A而不提拔B？虚伪和欺骗他人的人，不会被人们选为交易对象；人只有具备基本的诚实的品质，才存在被选为交易对象的可能性。

2. 诚实可以提高效率

不诚实就需要提供谎言。有一个谎言就需要有更多的谎言来圆这个谎，最终，人们要浪费巨大的精力和大量的时间去编织一个尽量少有漏洞的谎言信息网。而诚实，则不需要这些，省下的精力和时间可以做很多更有意义的事情。诚实，让人们节省彼此猜忌的时间，用更多的时间和精力去思考怎么做好事情而非怎么处理谎言。

3. 诚实可以降低成本

人会自然倾向于成本最小的途径。诚实就像一个有信用的品牌，能大幅降低交易成本。任何交易都存在违约的可能性，所以交易过程中双方会提出各种条款来减少这种可能性，但是若双方都有足够的信用，便可以节省很多的时间成本。欺骗带来的精神压力会显著增加个人思考、决策和选择的时间成本。

4. 诚实可以减少风险

诚实才能解决问题，欺骗或者隐瞒都无法根本地解决问题。欺骗或者隐瞒会让已经出现的问题越来越严重。比如，如果当年“非典”发生时，政府不是马上采取应对手段，不是马上通过各种媒体告知大众“非典”的存在，而是隐瞒，把问题藏起来，最终必然造成“非典”在全国范围内大规模流行，恐怕再认真起来的时候就已经很难解决了。

当我成为管理层后，每次有机会跟新入职的员工交流，我都会对他们说：“当你们遇到事情不知道该怎么处理的时候，请记住一个原则——以诚实的态度，坚持为公司利益做正确的事。即使因此造成了什么影响，公司的最高管理层也会支持你们！”

2.2　职场人必须具备商业品格

人们形容高级人才经常会用到“professional”一词，这个词翻译成中文是“职业的”或“专业的”。这里的“专业”，很多时候指的不是公司需要一个财务人员，而他正好是某大学财务专业毕业的那个“专业”，那个叫“major”。职场中的“professional”，大多时候指的是一种“商业品格”。

在搞清楚什么是商业品格之前，我们先看一下什么不是商业品格。网上曾经有一个火爆的“史上最强女秘书”事件，我们一起看一下故事的大概经过。

某外企总裁回办公室取东西，到门口才发现自己没带钥匙。此时他的私人秘书Rebecca已经下班。

总裁联系后未果，于是他给Rebecca发了一封邮件，内容是：“Rebecca，星期二我曾告诉过你，想东西、做事情不要想当然！结果今天晚上你就把我锁在门外，我要取的东西都在办公室里。问题在于你自以为是地认为我随身带着钥匙。从现在起，无论是午餐时段还是晚上下班后，你要跟你服务的每一名经理都确认无事后才能离开办公室，明白了吗？”总裁在发送这封邮件的时候，同时抄送给了公司几位高管。

结果，这位女秘书居然与总裁针锋相对。两天后，她也写了一封邮件，不仅发给了总裁，也发给了这家外企在中国的所有分公司。最后，这家外企中国分公司的所有人都收到了这封邮件。

她的邮件的大意是：

（1）我没有错，锁门是考虑公司的安全，一旦丢了东西，我无法承担这个责任。

（2）你有钥匙，自己忘了带，是你自己的问题，不要把自己的错误转移到别人身上。

（3）你无权干涉和控制我的私人时间，我一天的工作时间只有8小时。

（4）我工作尽职尽责，加班无怨言，但我无法做到因为工作以外的事情加班。

（5）虽然我们是上下级的关系，但也请你注意一下说话的语气，这是做人最基本的礼貌问题。

（6）我并没有猜想或者假定什么，因为我没有这个时间也没有这个必要。

这个事件在网上论坛被曝光后引发了网友的激烈讨论。一份调查显示，在5000多名参与调查的网友中，约70%的人对女秘书的做法表示支持。

尽管网络舆论认为Rebecca有骨气，但这家外企的人力资源部却并不买账。Rebecca的邮件发出后不久，这位总裁就更换了秘书，Rebecca也离开了公司。有记者电话采访Rebecca，她说："这事儿闹得太厉害，我已经找不到工作了。"显然，这件事给她的职业生涯带来了一些障碍。

一件本来很简单的事情为什么会变得这么复杂？因为总裁和女秘书所讨论的自始至终都不是一个问题。前者要说的，是商业上的服务和投诉问题；而后者尝试反驳的，是人格和人权的问题。

这种冲突反映的是一种文明的冲突，是西方商业文明和中国前工业化文明的冲突。西方商业文明强调的是做事的态度（敬业）和做事的方式（职业和专业），追求的是做事的结果（客户价值）；而中国前工业化文明强调的是做人的态度（崇德）和做人的方式（严己宽人），追求的是做人的结果（圣贤）。

从总裁的邮件中，我们看到的是他对女秘书的做事方式的要求和做事结果的指责，以及对他要的做事方式的强调，而没有对女秘书本人的其他方面的指责；但从女秘书的邮件中，我们看到的是她对总裁的做人方式的指责（把自己的错误转移到别人的身上，干涉和控制我的私人时间等）和要求（请你注意一下你说话的语气，这是做人最基本的礼貌问题等）。

员工与企业之间的关系是一个永恒的话题。员工与企业之间应该是什么关系？在企业中，员工应该以什么样的心态来做事？我想可以用四个字来概括——商业品格。

2004年，联想集团大裁员的时候，一名联想员工在网络上发表了著名的名为《联想不是家》的文章，伤心地表示："现在才明白，员工和公司的关系就是利益关系，公司给我的一切，都是因为我能为公司做贡献，绝对不是像爸爸妈妈的那种无私奉献的感情，千万不要把公司当成家。"

这样的认识虽然有些情绪化，但也算是道出了员工与企业之间应有的正确关系，员工与企业之间正是一种商业交换关系，而不是家人之间的亲情关系，这种交换和我们到商店去买矿泉水没有本质区别。企业是市场契约的一部分，员工和企业之间是严格的契约关系，企业向员工支付工资，就是向员工购买服务。从这个意义上来说，企业是员工的客户，适用于日常商业交换的规则和道德也应当适用于员工与企业之间——受人之托，忠人之事。

员工对上级交代任务的结果负责，无论过程是什么，员工都不应寻找借口，这就像我们到餐馆吃饭一样，如果端上来的菜里有一只苍蝇，商家是不能用任何借口来推卸责任的。

企业是一个经济组织，目标是创造利润。一个创造利润的经济组织对员工的需求必然不会只是每天按时上下班、遵守公司各项规章制度这么简单。

企业不是学校，不只要求员工在规定的时间内做什么，还要求员工在规定的时间内创造出一定的价值，且这些价值又能被企业所利用。虽然很多企业都有各种规章制度等硬性要求，但是这些都不是企业管理中的要点。规章制度只是要求，要求只能保证人不做什么，不能激励人去做什么贡献。

许多职场人并不理解这一点，他们在上班的时候上网购物，在微信、QQ、微博上聊一些与工作无关的事。美国一家游戏网站的调查显示，上班时间是他们的在线游戏用户量最大的时间。上班族拿着企业的钱，却在为网络游戏公司创造财富。很多企业中都有这样无所事事地"忙碌"着的人。

员工给企业创造价值
自身才可能收获价值

图2.4

也许，他们应该向出租车司机学习。有一位企业家说：“这个时代，最不浪费工作时间的职业就是出租车司机，只有他们在工作时间全神贯注。”

出租车公司与出租车司机的关系是承包关系，每个承包到车的司机都要在规定时间内完成规定的任务，同时还要为完不成任务负责，就连客观的天气原因或者主观的汽车剐蹭，都需要“的哥”自己来负责。而且“的哥”的收入多少几乎完全取决于市场，取决于自己的智慧和勤奋。

从企业管理的角度来说，出租车司机是最敬业、最不会浪费工作时间、最能调动个人积极性的群体。他们最不可能无所事事地“忙碌”，直接面对市场、任务与结果之间的高度匹配让他们明白什么是自我责任。员工薪酬不与工作时间有关，只与他们创造的价值有关。出租车司机即使天天开着车到处走，如果没有有效的乘客，他们一样得不到报酬。

那么，究竟什么是商业品格？我把它概括成两点：社会人的心态和成年人的逻辑。

1. 社会人的心态

小王是一家公司营销部的普通职工。一次领工资单时，他无意间看到，与他同一年入职的设计部的小李底薪要比他多出500元。这令他极为恼火，因为在他看来，小李的级别、能力都和他相差无几，而自己的工作强度还要比他大很多，凭什么他的底薪要比自己的高呢？既然如此，自己又何必每天那么辛苦地工作呢？自己的付出和收获是等值的吗？

小王越想越气，但又不敢去找领导理论。从此他的工作积极性明显下降，后来部门主管看出他有消极怠工的表现，却不清楚究竟发生了什么事情。原本被公司看好的一名员工，如今却成了这个样子。

很多员工都热衷于打听其他员工的工资和奖金，并与自己的进行比较，如果感觉不公平，就会将自己的情绪带入工作中去。正确的做法是继续做好自己的工作，如果觉得自己获得的报酬不符合自身的价值，可以像商人一样去和公司的相关领导“谈判”。

如果领导不认可，可以选择离开。放弃承担自己相应的工作责任是商业品格的缺失，这类人认为自己只是在为公司做事，而没有用社会人的心态和标准去看待所谓的公平。长此下去，最后蒙受损失最大的往往是他们自己，因为他们创造的价值和自身应获得的成长都明显被削弱了。

社会人的心态指的是所有员工都是社会人，所有员工都应以社会的标准衡量自己。我们能来到公司，是因为公司尊重我们的选择、欣赏我们的才华；同样，我们选择公司，也是由于我们认为公司会给我们带来机会、成长和价值。

一个员工应以社会的公平报酬体系而不是自己的感觉来衡量自己的付出与收获。有一天，当我们或者公司认为彼此不能再为对方提供价值的时候，双方应以社会人的心态愉快地“分手”。

2. 成年人的逻辑

一天，某公司办公室的几名员工约好下班后一起去KTV唱歌。在下班前一个小时，他们看到老板有事出去了，于是几个人为了多玩一会，在老板走后也偷偷地提前离开了。不巧的是，老板突然有事要找办公室的小李，于是打电话到公司，却得知小李提前走了。

第二天，老板当众批评了小李，同时宣布对小李的行为按旷工处理并扣发当月全部绩效奖金。小李非常不理解：“昨天早退的又不是只有我一个人，为什么只处罚我呢？”

别人的错误并不能成为自己犯错的理由，那是未成年人才有的“儿童心态”。未成年人的思维模式是：凡事依赖别人或者特别在乎别人的看法，遇到挫折和麻烦就牢骚满腹，犯了错误就找各种借口应付别人、欺骗自己。

成年人应该明白，推卸责任和为犯错找借口无法改变结果。成就来自对自我深深的责任，其实我们根本不需要对公司负责，只需要对自己的角色与责任负责。对自己负责，就是一种“成人心态”。

把自己看作独立的个体，追求成就和自由，能够逆境求变，懂得不断反省；把自己当成成年人，并用成年人的标准要求自己，人才能真的成长为成年人，否则，就是长着成年人模样的儿童。

反对“儿童心态”，坚守成年人的逻辑，对自己负责。在商业社会，每个人都是独立的，只有建立独立的商业品格，才可能与公司实现合作双赢。

每个人都是一家微型企业

图2.5

其实人人都是商人，每个人都是一家以自己名字命名的微型企业。既然我们自己就是一家企业，我们就应该为如何创造客户认可的价值而做出努力，这就是商业品格。经营好自己，就是树立我们自己这个微型企业的形象和口碑。

2.3 负责是创造价值的核心

什么叫负责？

每天按时上8个小时的班叫负责？不是，那叫正常出勤。

把老板布置的工作都完成了叫负责？不是，那叫应付差事。

偶尔帮助一下同事叫负责？不是，那叫搞好团结。

那么，到底什么叫负责？

看完两个网上的段子，也许我们就很容易能明白，第一个段子：

洞房花烛夜，当新郎兴奋地揭开新娘的盖头时，羞答答的新娘正低头看着地上，忽然间掩口而笑，并指着地上说道：“看，看，看，有只老鼠在吃你家的大米。”

第二天早上，新郎还在酣睡，新娘起床后看到老鼠在吃大米，一声怒喝：“该死的老鼠！敢偷吃我家大米！”一只鞋“嗖”地飞了过去，新郎惊醒，不禁莞尔一笑。

我们可以问自己一个问题：作为职场人，我们的身体过了门，心态过门了吗？

有时候我们很容易发现公司的问题，因为旁观者清。但问题是，我们是嘲笑、牢骚、忿然、指责呢，还是以主人的心态来了解并积极地去改正这些缺点和弥补这些漏洞呢？

公司是什么？公司其实是一个给所有人追求事业成功提供机会的平台。公司表面上是老板或股东的，实际上是大家的！职场人不是在为老板或股东打工，而是在为自己的将来打工，给自己积累经验和财富。以老板的眼光和态度工作，创造自己能创造的最大价值，迟早有一天，我们会获得自己想要的。

第二个段子：

一个农场的男主人在他的粮仓里放了老鼠夹子。

老鼠发现后去告诉母鸡。

母鸡看了看老鼠，说：“这和我有什么关系，你自己小心吧。”母鸡说完就走了。

老鼠又跑去告诉肥猪。

肥猪淡淡地说：“这是你的事，还是自己小心为好。”肥猪说完慢悠

悠地走了。

老鼠又跑去告诉大黄牛。

大黄牛冷漠地说："你见过能夹死一头牛的老鼠夹子吗？祝你好运。"大黄牛说完也骄傲地走了。

后来老鼠夹子夹到了一条毒蛇，但毒蛇并没有死。

女主人到粮仓里取粮食时，被这条毒蛇咬了一口并住进了医院。

男主人为了给女主人补身体把母鸡杀了。

女主人出院后亲戚都来看望她，男主人把肥猪宰了招待客人。

为了给女主人看病他们欠了很多钱，于是男主人就把大黄牛卖给了屠宰场。

一个人无论是在团队中、企业中，还是在社会中，都不能抱着事不关己、高高挂起的心态，要懂得担当，学会尊重这个平台，尊重自己的老板，尊重自己的同事。不要把个人的利益看得太重，因为在企业中，所有人的利益都是捆绑在一起的。维护别人、维护团队，就是维护自己；成就他人、成就团队，才能成就自己。

个人与企业的利益不可分割
像拼图一样 少了谁都不完整

图2.6

什么叫不负责？看下面这个案例我们就能明白。

有一家工厂，厂址地势较低，每年夏天雨季来临，都要经历几次"抗洪抢险"。有一年夏天，厂长要去外地出差。走之前，他千叮咛万嘱咐，要几个部门的负责人随时关注天气的变化。

有一天晚上，在外地的厂长看到天气预报说工厂所在地区有雨，便给几个部门负责人打电话。他一连打了好几个电话都打不通，最后终于打通了采购部经理的电话，吩咐他马上去厂里查看一下情况。

采购部经理一口答应了下来，可是挂断电话后，他并没有去工厂，他觉得这事儿是安全部的工作，不该他这个管物资采购的负责。何况他家离工厂最远，路上花费的时间最多，如果厂房真的被淹的话，等他赶到那里也已经晚了。于是，他给安全部经理打了一个电话，提醒他去工厂看一下。

安全部经理听到采购部经理要他查看工厂情况后，虽然也一口答应了下来，可心里却充满了不满。他认为：安全部和采购部互不隶属，我由厂长直管，你凭什么给我下指令？他当时正忙着和朋友喝酒，也没有去工厂，甚至连电话也没有打。他想：反正有安全部主管在，一定没问题的。

安全部主管看到雨势渐渐大了，不过他并不担心，因为他已经安排了2名保安和1名安全员在厂里。当时，他正在和朋友打麻将，手机没电自动关机了。

那2名保安和1名安全员确实在厂里，但是，用于防洪的3台抽水机有2台坏了，只剩下1台能工作。他们打电话给安全部主管，结果安全部主管的电话关机，他们就没有再打，也没有采取其他措施，早早地就睡觉了。

凌晨两点左右，值班的保安被雷声吵醒，他起来后发现水已经漫到了床边！他立即给消防队打电话。

消防队虽然来得及时，但由于通知得太晚，8个车间还是被淹了6个，厂里十几吨的成品、半成品和原辅材料泡在水中，直接经济损失达300多万元！

知道厂里的情况后，厂长火速赶回，采购部经理、安全部经理、安全部主管、2名保安和1名安全员都在会议室里忐忑不安地等着厂长。厂长一脸怒气地来到会议室，还没等他开口，采购部经理马上解释说："当天我接到您的电话，想着我家离厂里比较远，赶过来怕来不及，我马上就给安全部经理打电话了，这事不能怪我，都是安全部经理的问题。"

安全部经理说："我事前都已经部署好了，并已提醒安全部主管注意了。"

安全部主管说："我已经安排了保安和安全员在厂里，由他们全权负责。谁知道……"

厂长看着保安和安全员，大家面面相觑。最后，那名安全员小声地说："我们很早就发现防洪的抽水机有2台出问题了，可是打不通主管电话，我们自己又不会修，不知道该找谁。"

大家都看着厂长，厂长沉默了很久，说："你们都没责任，那这个事我该怪安全部主管的手机喽？其实，我今天过来并不是想要听你们互相推诿责任，而是想知道你们究竟有没有觉得自己失职，如果你们都觉得责任不在自己的话，那么，我想你们也没必要拥有现在的权力，请各位好好反思。"

说完，厂长拂袖而去。

图2.7

我们常常会陷入一个误区，认为职位的高低标志着我们在职场中成功与否，标志着我们所获得的权力的大小、收入的多寡。所以，获得更高的职位和拥有更大的权力成为大家努力工作的目标。但我们没有认识到职位、权力的背后是什么，其实，职位的高与低同时也标志着我们所要担当的责任的重与轻。权力的背后是责任！

在其位，谋其政，这就是对职位最好的解释。在军队里，一个尖刀排排长有权指挥全排的人，但他同时要担负的是全排二十几个士兵的安危和上级交给他的任务。同样，一个野战军军长有权调度和指挥全军兵力，但同时，他要为保存全军实力，并在战役中取胜以配合全军的战略部署负责任。

在大水淹厂的案例中，除了管理机制存在问题外，主要就是因为各岗位责任人在其位而不谋其政，更不负其责。

对于采购部经理来说，厂长联系不到其他人，把防洪的重任交给他，虽然职位上他不负责这项工作，但在特殊时期，他就应该是这件事的第一责任人。如果他负责任，应该立即通知安全部经理，协同安全部落实好所有的防备措施，全程在岗坚持到大雨结束、工厂安全为止。他却推卸责任，把责任推到安全部经理身上。他推卸责任的后果是工厂受到严重损失；同时，他也失去了厂长对他的信任。

对于安全部经理、安全部主管、保安和安全员来说，无论厂长有没有嘱托，保证车间、设备、产品和人员的安全原本就是他们的本职工作。既然工厂地势低，雨季会面临危险，在雨季之前，配备相关设施，检查和保证防洪设施能够正常运行就是他们的本职工作和基本职能。大雨来临，无论有没有接到通知，他们都应该全员到岗，做好充分的防洪安全工作。

如果说，保安和安全员只是在各自岗位上负责特定的工作，那么，安全部主管和安全部经理就是负责全方位地抗洪保厂。他们理应密切关注天气情况，注意雨势，检查防洪设施。当防洪形势严峻之时，他们还应调度相关车间的人员配合工作。他们在大雨滂沱之时不在现场，是极度不负责任的表现。

大雨之后，如果这个厂还能够生存，还希望有所发展，那么，上面那几位管理者恐怕都岌岌可危了。

当职位、权力与责任不对等时，只有两种结果：要么就是职位虚设，没有价值，成了一个可有可无的部件，在企业的整体运行系统之外空转；要么就是职位成为在企业整体运行中，不是一个协同的、“啮合”的，而是一个断裂的、缺失的、破损的部件，它一定会在关键之时掉链子，消解企业合力，让企业运行“死机”，从而让企业蒙受巨大损失。

当我们自以为聪明，在工作中推卸自己该负的责任时，其实是在做对自己现在和未来的职业发展釜底抽薪的蠢事。

2.4　慢一点没关系，持续做才重要

许多人抱怨自己的行业不好，所以为了获得好的职业发展，为了拿到高薪，为了有更多的自由时间，他们在不同的行业间跳来跳去，却也没见有多

大的变化或起色。

不同于金融证券这类资金密集型行业和互联网这类技术密集型行业，零售行业说到底是劳动密集型行业。在这个行业里，尤其是开实体店的，是出了名的“工资低”“加班多”“烦琐”“劳累”。许多年轻人认为零售行业没有前途，纷纷跑到金融证券和互联网行业。

师父在这个行业里待了40多年，从来没有离开过。谁说待在零售行业里就没前途？能在这样一个低薪又劳累的劳动密集型行业里获得高薪和洒脱，他显然有一个很可贵的态度，那就是坚持。

1. 俞敏洪的蜗牛精神

新东方创始人俞敏洪说：“与北京大学的同学相比，我不过是一只慢慢爬的蜗牛。”不过，凭借尽力而为的韧性，他顺利地渡过了每一个难关，成为英语培训领域的教父级人物。

为了能走出农村，他一连参加了3次高考。1978年第一次高考失利之后，他在家里开手扶拖拉机、插秧，这样干了两三个月。村里初中教英语的老师回家生孩子去了，学生的英语课没有人教。校长听说他高考时是考外语的，就找到他，问他能不能去教初一学生的英语。当时老师的工资是20多元一个月，这个待遇在农村已经是很高的了。就这样，年仅16岁的他成了代课老师。

他边代课，边复习，大概8个月以后，1979年的高考开始了，他又参加了高考。这一年他的总分过了录取分数线，但英语只考了55分，而常熟师专英语的录取分数线变成了60分，他再度落榜。这个时候，那个英语老师也生完孩子回学校了，他的课也代不成了。

第三次复习变成了全职脱产学习。他带领同学一起拼命学习，早上带头起来晨读，白天和大家一起背单词、背课文、做题、讨论，晚上10点半熄灯以后，大家全部打着手电在被窝里背单词。这个班是1979年10月中旬开课的，到1980年春节的时候，他还是倒数第十。当年的寒假就放了一个礼拜，他一天没落下，整天背课文。1980年3月，他就变成了全班第一。

1980年的高考他考了387分。当年，北京大学的录取分数线是380分。

在北京大学学习期间有两件事一直使他苦闷，第一是普通话不好，第二是英语一塌糊涂。到大学四年级毕业时，他依然排在全班最后几名。他当时已经有了一个良好的心态，他知道自己在智商上比不过其他同学，但他有一种能力，就是可以持续不断地努力。

在他们班的毕业典礼上他说了一段话，到现在他的同学还记得，他说："大家都获得了优异的成绩，我是我们班的落后同学，但是我想让同学们放心，我绝不放弃。你们5年干成的事情我干10年，你们10年干成的我干20年，你们20年干成的我干40年。如果实在不行，我会保持心情愉快、身体健康，到80岁以后把你们送走了我再走。"

据说，能够到达金字塔顶端的只有两种动物，一种是雄鹰，靠自己的天赋和翅膀飞了上去。北京大学有很多雄鹰般的人物，他们在学习上不需要太努力就能达到高峰，很轻松地在北京大学毕业后又进入哈佛大学、耶鲁大学、牛津大学、剑桥大学这样的世界名牌大学继续深造。

还有另外一种动物，也能达到金字塔的顶端，那就是蜗牛。蜗牛肯定只能爬上去，从最底层爬到顶端可能要一年、两年。在金字塔顶端，人们确实找到了蜗牛的痕迹。俞敏洪在北京大学的时候，包括到今天，一直把自己比作一只蜗牛。他一直在爬，也许还没有爬到金字塔的顶端，但是只要在爬，就足以给自己留下令生命感动的回忆。

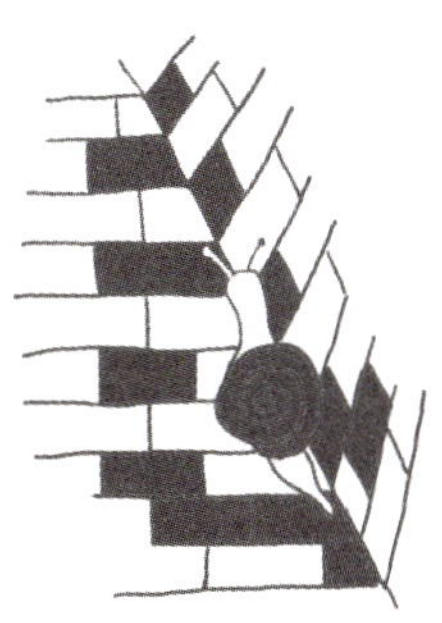

图2.8

在骏马和骆驼两种动物中，俞敏洪比较喜欢骆驼。虽然骏马做什么都比骆驼快，但骆驼一生走过的路却是骏马的两倍。俞敏洪说，人应具有骆驼精神，而不是骏马精神。品种再优良的骏马，一刻不停息地奔跑，总有一天会停止；而骆驼在沙漠的漫漫长路中，则需要有一定的韧劲才能坚持

下来，它们相信前方一定会出现绿洲。

俞敏洪曾在一个电视节目里讲了一个有关面粉的道理。一堆面粉放在桌子上，你用手一拍，面粉就散了，这就好像是大多数人面对挫折的心态。然而，如果加一点水再拍，它就不容易散了；如果再加点水，揉一揉，面粉就变成了面团。这个时候，不管我们怎么拍它都不会散，而且还可以像拉面一样拉得很长。

2. 有时候追逐梦想比追求成功更可贵

世界上有拿了倒数第一，但仍会兴奋的人吗？英国历史上著名的跳台滑雪运动员艾迪·爱德华兹（Eddie Edwards）就是这样一个人。

他是高度远视眼，滑雪的时候得戴着眼镜套护目镜，否则看不见路。然而他在高空下落的时候，眼镜上会充满雾气，什么也看不清，跟“盲落地”差不多。

他身高172厘米，体重82公斤，是当时最重的一位参赛选手，甚至比同期选手体重第二的哥们儿足足重了9公斤。对于跳台滑雪运动员来说，最重要的是体重轻，如飞驰的箭一样，才能飞得远。

他从训练到参加世锦赛这段时间使用的装备都是二手的，比如，超大号的系着绳子的头盔、要穿6双袜子才能撑满的滑雪靴。因为没钱，所以他要一边训练一边筹钱。他到处打工，保姆、园丁、酒店打杂什么都干，甚至还在芬兰一家精神病医院里打过工。

他压根就不是一名运动员，根本没有什么运动天赋可言，他的正式职业是一名泥瓦匠，跟着自己的爸爸给别人盖房子。他很穷，甚至请不起教练，在离奥运会只有20个月时，为了能够进行训练，他愿意加入任何队伍，不管是校队、区队还是国家队。

由于他只是一个人，要蹭进这些队伍相对容易一些，因此他接触了很多不同的教练，从12岁到84岁的都有。这些教练来自不同国家，性格各不相同，有些非常幽默，有些非常严厉，有些非常开朗，不过从他们的身上，艾迪学会了一些基本要领。

他，是历史上第一个代表英国参加奥运会跳台滑雪的运动员。

有多少人在面对梦想的时候，因为自认的“不可能”而失去了追逐梦想的动力，而艾迪的际遇则是对梦想没有成败最好的例证。他在奥运会上虽然成绩很惨淡，但他感动了在场的每一个人，成为当时媒体的聚焦点，不仅盖过了冠军的风头，甚至国际奥委会都不得不为他制定了“飞鹰规则”。

成功与失败不过是他者对事物的定义，但梦想正如艾迪在滑雪场上像鹰一般飞驰一样，那是属于自己的经历。

1988年冬奥会上，艾迪参加的两个项目，70米及90米的高山跳台滑雪，冠军得主都是来自芬兰的马蒂·尼凯宁（Matti Nykanen）。在那届冬奥会上，大坡度跳台滑雪团体项目也成为冬奥会正式比赛项目，尼凯宁与队友合作夺得了这枚金牌。当时，尼凯宁成功包揽了三枚跳台滑雪金牌，这位天才级的运动员是那届冬奥会的英雄。

在去参加90米跳台滑雪项目的电梯里，尼凯宁与艾迪碰面了，并有了几句交谈。尼凯宁对艾迪说：“本届冬奥会，只有你我两个人完成了挑战，我挑战的是纪录，而你挑战的是自我。别在意别人怎么说，别管别人怎么看，只有我们自己知道，我们是为了自己才挑战跳台滑雪的，也只有运动才能让我们忘却一切，好好享受那种感觉。”

图2.9

The most important thing in the Olympic Games is not winning but taking part; the essential thing in life is not conquering but fighting well.（在奥运会中最重要的不是取胜，而是参与；在生活中最重要的不是征服，而是拼搏。）

再牛的梦想也抵不住傻子一样地坚持。除了自己外，没有人能阻挡一

个人追逐梦想的脚步，每个人都可以成为一只为梦想而翱翔的飞鹰。

2.5 什么是学习者该有的态度

有一次，某公司高价请师父去解决企业的经营问题。师父只能在那里待三天，公司领导层抓紧每一分每一秒，召集所有相关管理者来向他学习。

师父在看了各项数据且了解完公司基本情况后，就展开了指导。前两天，他在会上说的话大概是这样的：关于这个事情你们应该这样做，关于那个事情你们应该那样做。大家听了连连点头，认真地做笔记。

到了第三天的上午，师父问："已经过了两天，怎么样？你们听明白了吗？"

大家纷纷表示肯定："听明白了！"

师父说："好，那你们能告诉我，为什么我说这个应该这么做，那个应该那么做？"

大家这才想起来：哦，对哈！好像不是很清楚，这两天都在听讲了。

大家问："您能不能给我们讲一下您为什么这么说？"

师父说："没问题，但在解释之前，我想讲一个思路。你们为什么要询问我能不能呢？为什么不直接让我给你们讲清楚？我明明是你们花钱请的人，你们可以直接让我讲啊。这不是礼貌问题，是大家说话和做事的底层逻辑有问题。说或做一件事之前，你们可以问一下自己，最坏的情况是什么？自己能不能接受后果？如果答案是能，那你们为什么不直接做呢？It is better to ask for forgiveness after you did it than asking permission before you do it.（在做之前问能不能，不如在做了之后说请原谅。）"

大家继续点头表示肯定，师父随即开始解释前面那个为什么的问题。

说完后，师父又问："怎么样，你们现在明白了吗？"

大家犹豫了一下，想了想，点点头说："应该听明白了！"

师父："如果现在情况变了，数据变了，你们该怎么办呢？"

大家恍然大悟："哎呀，对！好像还不是很明白，您说该怎么办呢？"

师父说："好，我还是可以告诉你们。但在说之前，我还想讲一个思路。当你们发现自己的问题之后，要马上改正，以后不要再犯。如果你们还犯同样的错误，那只能说明你们还是没有真正接受教训并改正。Only made mistake once, and it's best to learn from other people's mistakes.（同样的错误，不要再犯第二次，最好的情况，是从别人的错误里吸取教训，不要犯同样的错误。）”

大家似乎体会得更深了，师父又继续解释上面的那个问题，大家继续认真听着、做笔记。

接着，师父又问：“现在明白了吧？”

这时候大家不敢说话了，有人说还是不明白，只是不知道哪里不明白，也不知道该问什么。

师父笑了笑，说：“好吧，那我再问大家一个问题。你们有没有想过，如果按照我的方法做了之后，没有达到我说的那个预期结果，你们该怎么办？那个时候我已经走了，不在这里，是你们要处理这些事，你们要为结果负责。到那个时候，你们该怎么办？你们有没有想过可能会有plan B？”

听到这里，大家仿佛醍醐灌顶，纷纷说：“对啊！我们怎么没想到呢？您说该怎么办呢？”

师父说：“我喜欢授之以渔而不是授之以鱼。好在现在我人还在这里，依然可以告诉你们。但在说之前，我还要再讲一个思路。那就是如果我们把自己定位成学习者，应该有什么样的态度？

“如果我们要向别人学习，最好表现得‘傻’一点。不要碍于面子，觉得自己聪明，又想跟别人学，又怕丢了面子。这里的‘傻’不是表面的客气和礼貌，也不是完全的认同和接受，是发自内心觉得自己不懂而想要全身心、全方位地去了解，是从零出发，想办法完全搞清楚对方的逻辑。

“不明一事，不长一智；不问一疑，不除一愚；越疑越愚，越愚越疑。如果不把自己摆在‘傻’的位置，如果不问，到最后只能装懂，其实根本没懂。‘傻’过之后，问过之后，才有聪明。这时的‘傻’其实是聪明，而觉得自己聪明，觉得自己都明白了，不想不问，那才是真傻！”

学习是一个收获的过程，犹如春种秋收，有一个如种子发芽般改变的阶段，并不如许多人想象的那般容易。有时你觉得自己在接受，其实你的

内心并不接受，因为你还觉得自己这个知道，那个也知道；有时你觉得自己在学习，其实你并没有学习，因为你还以为自己很聪明，以为别人说的你都能明白。

自作聪明的人喜欢“秒懂”，当你跟他说一件事的时候，刚说了开头，他就会说：啊！我知道！我明白！我了解！你说的是……这个事情我之前……对于普通的小事，秒懂也许没有太多坏处，但当你想向别人学习的时候，秒懂并不是一件好事。别人又不傻，几十年的经验总结出的东西，可以被秒懂？喜欢秒懂的人，就是自大，说到底还是傻。

没有痛苦，就没有改变；没有改变，就没有收获。傻是学习别人想到的东西，聪明是想到别人没想到的东西，而智慧是想办法做到别人想到的东西。

做人需要七分聪明，三分傻。当我们学习的时候，要坐在那三分傻里，处事时，要站在那七分聪明中。当我七分聪明的时候，别人说10句话，我只听进3句；当我三分傻的时候，别人说10句话，我可以听进7句。只有比别人傻，别人才会教；只有比别人聪明，别人才会信。今天我们把自己当傻瓜，问了一个问题，明天知道答案之后已不傻，后天有新问题之后又变傻。有了这种心态，我们才会永远比昨天更有进步。

2.6 为生命的列车铺一条自律的轨道

前一阵，我用2个月时间，把体重从88公斤减到了75公斤，BMI由29.6（肥胖）下降到25.4（仍属过重，24以下为正常）。与身边同样在减肥的同事交流了一下，我发现他们为减肥查阅过许多资料，做过周密的计划，结果却不见成效。对于减肥，起心动念容易，过程却很难，所以许多人就渐渐放弃了。

减肥真有那么难吗？

记得我儿时看过的一部电视剧里有句台词：“世界上最难的两件事一是吃屎，二是赚钱。”吃屎的难度就不用说了，赚钱难在哪里呢？难在简单的逻辑并不能保证它实现，而我们却经常听到许多成功学观点，比如：

“只要努力，你就能赚钱！

“只要诚实，你就能赚钱！

“只要抓住机会，你就能赚钱！”

成功学告诉我们：马云抓住机会了，看吧，他赚钱了；隔壁老王没有抓住机会，现在成了“吃瓜群众”一个，所以，只要抓住机会，你就能赚钱！仔细想想就知道这完全是瞎扯，除了能让人保持几分钟热血外，没有任何价值，不能解决任何问题。

然而，减肥却与赚钱不同，它是一件遵循“只要……就……”这种简单逻辑便可实现的事。这个逻辑就是：只要坚持少吃，就会瘦。这跟“只要坚持不吃，就会饿死”是一个道理。

有一次在报纸上我读到一篇文章，标题是“他是这样从一个100多公斤的胖子变成一个75公斤的型男的”，文章讲的是一位44岁IT男人的减肥经历。他的方法其实很简单：早上放开吃，中午吃点瘦肉、鱼、虾和米饭，晚上不吃主食只吃菜，绝对不吃宵夜。目前他的体重已经保持了3年不反弹。

同样道理，我有位女同事，曾经因药物原因造成肥胖，断断续续的运动和瑜伽都不见效果，后来坚持少吃，1个月就减了5公斤，她一直坚持，已经5年未反弹。

所以，能不能减肥，本质还是能不能管住自己的嘴！简单吧？

有人会说不简单，如果真的这么简单，那为什么那么多人没有减肥成功呢？问题出在哪里呢？有人说，我知道了，是因为自律吧！减肥成功的人，在想吃的时候可以管住自己不吃；而减肥不成功的人，永远管不住自己。差别就在于能不能管得住自己。

图2.10

其实，许多人对自律的理解都是错误的。

传统意义认为的自律是什么？是为遵循某些规范而进行的自我约束。比如，某人追韩剧，晚上下班后特别想看那部韩剧接下来剧情是什么，但内心中有一个天使一样的声音告诉她："不可以，你还要考证呢！还有大好的人生呢！不能浪费时间看韩剧！要看书！"还有一个恶魔一样的声音告诉她："一晚上不看书没关系的，你不是很喜欢看韩剧吗？现在正好演到了关键时刻，看一会吧。"

天使和恶魔打了一架，最后天使战胜了恶魔，人就实现了自我约束，就达成了自律。于是，未来，每天晚上天使都要和恶魔打架，天使赢了，自律就达成；恶魔赢了，自律就结束。

哈佛公开课"The Science of Happiness"里讲过，自律其实并不像许多人想的那样——有成就的人自律能力比较强，没有成就的人自律能力比较弱。人的自律能力其实都差不多，而且都是有限的，需要合理利用，不能过度开采，过度消耗自律会导致崩溃！而崩溃，带来的将是挫败感。

真正的自律，并不是天使和恶魔的较量后，天使战胜恶魔那么简单，而是在某一个时间段内，出于自己的"需要"和"目标"，让自己有规律地做某件事。

这其中，有以下三项重点内容。

1. 人类行动之源——动机

还拿减肥举例子，减肥的人有没有想过自己到底为什么减肥？为了健康，为了面子，还是为了交异性朋友？为什么，就是动机。

动机是能让人持续做下去的唯一理由！如果没有动机，纯粹跟风，还是省省时间吧。

我减肥是为了健康。我去年体检时，被查出轻度脂肪肝，医生建议我少吃和适量运动。后来我查阅资料，发现肥胖会影响寿命。我还想多活几年呢，所以我开始减肥。这就是我的动机，很直接，也很单纯。我也绝不想再变胖，胖了以后还是会影响寿命，所以这个动机会有一定的持续性。

那么，人的动机究竟来源于什么？人在什么样的情况下会发自内心地愿意为某件事付出呢？著名心理学家和行为科学家维克托·弗鲁姆

（Victor H.Vroom）提出的激励理论（Expectancy Theory）可以解释动机的来源，用一个公式表示：

动机 = 效价 × 期望 × 工具性

效价指的是达到目标对满足个人需要的价值。比如减肥，一方面，如果减肥成功了，对我有什么好处？我能得到什么？是安全感、自豪感、满足感，还是成就感？另一方面，如果不减肥，对我又有什么坏处？别人会看不起我吗？我的自我价值会降低吗？我会难过吗？我会生活不下去吗？这就是效价，可以被理解为一种潜在利弊的博弈。

期望指的是根据过去的经验判断达到某种目标的可能性的大小，或者说达成的概率。比如减肥，耗费多长时间？付出多少努力？做出多少牺牲？投入多少精力？付出了成本之后，不一定就有收益，可能成，也可能不成。

工具性指的是能帮助个人实现目标的非个人因素，如环境、机制、工具等。比如减肥，效价和期望都没问题，但是每天在家里固定吃三顿饭，老婆和孩子会不会支持呢？老妈知道自己为了减肥少吃饭，她是不是允许呢？工具性就是要办某事时，有没有完成这件事需要的资源支持，以及可能阻碍这件事完成的资源障碍。

2. 养成良好的生活习惯

人是忠于习惯的动物，所有减肥反弹的人都是因为没有把这份看似难受的坚持化为习惯，而是把它看作阶段性的任务。这就好像有些人把考上名牌大学或者考上研究生当成人生的终极目标，一旦达成，好像人生就圆满了，可以随意交女朋友，随意玩游戏，随意放纵自己，直到毕业混到文凭。人生路很长，他们才走了那么一点而已。

所以，重要的不是我们在某一阶段要完成什么，而是我们要成为一个什么样的人，我们为了成为那样的人准备养成什么样的习惯。

好的习惯能够成就一个人，即使他的天赋不超群、背景不深厚，比如曾国藩。他并不是很聪明，家境贫寒，他的父亲也不过是一个教书先生，但他最终成为晚清名臣、一代大儒。是什么成就了他？就是习惯。曾国藩

“无一日不读书”，他再繁忙也未曾中断这个习惯，每日学习，每天进步是他取得成就的基础。

他自29岁起，每天写日记，时刻保持自省。他每日静坐半个时辰，这个习惯使他改掉了好动不好静的毛病，平息了内心的躁动，对他一生的成就有至关重要的作用。童年时期，他就每日早起，这个好习惯一直伴他终身。他以勤奋自守，极其厌恶懒惰……时间长了，习惯就变成了品质，其实这两者本就相辅相成，习惯铸就品质，品质促成习惯。好的习惯对人的影响无限大。

图2.11

3. 转移注意力

某位美女喜欢吃，吃会给她即时的满足感，吃很容易达成，所以她的注意力很容易被吃“绑架”。同时，她也想成为模特，但是她有点胖，模特圈似乎并不喜欢胖子，而减肥很难完成，难以实现的事情无法给她带来满足感，所以她的注意力很难集中在减肥上。

把自己的注意力转移到其他有趣的事情上吧。如果想成为画家，那就多练习画画；如果想成为歌手，那就多练习唱歌。想一想，自己在想从事的那个领域做得很出色吗？如果脑子都被有趣的事情占满了，怎么还会浪费那么多时间去想怎么吃呢？

转移注意力到其他有趣的事情上去

图2.12

一旦确定了要做的事，我们就要有计划、有目的地集中注意力，去做好要做的事，不要受其他刺激的影响和干扰。心理学家普拉托诺夫（Platonov）说："要想使自己成为一个注意力很强的人，最好的方法是，无论干什么事，都不能漫不经心！"

人都爱想象，当我们学习或工作时，很容易去想学习或工作之后，去做点什么，比如，下班以后去打球或星期天去郊游等。一想到这些有趣的事，大脑就会兴奋，就容易分散注意力。

不过，如果我们把这些想法当作自我奖励，要求自己学习或工作聚精会神，那么这将有益于注意力的训练。比如，如果能很好地完成任务，达到学习目标，就可以尽情地去玩。这样就把尽情地玩当作当下专心学习的奖励，更容易鼓励自己完成学习任务。

声明：本章内容中关于减肥的思维逻辑仅供减肥人士参考，不作为任何节食行为的理论依据。提醒所有减肥人士，合理膳食、适量运动、放松心态、健康减肥。

第3章

精英的能力有什么出众之处

能力是实实在在地改造世界的方式，是完成任务和达到目标的必备条件。它直接影响活动的效率，是保证事情顺利完成最重要的内在因素。能力融汇在人们的观察、知觉、记忆、实践之中。它是最富生命力的素质，是推动个体顺应环境、参与竞争、走向成功的内在动力和源泉。

图3.1

3.1　没人能躲过的技能

公司的同事几乎都很害怕和师父一起开会，一来是因为他敢当机立断地把人开除；二来是因为当他出招时，通常没人能接得住。所谓出招，其实是指提出问题；所谓接得住，是指全面地回答问题并形成闭环。他提问题时，表面上是问一个人，其实他使用了AOE（Area of Effect）技能，能“打到”一连串的人，作用于多个目标。

比如，他问财务总监：“为什么公司定好的预算，你没有保障它达成？”财务总监看了看运营总监，说：“因为运营的问题。”运营总监看了看网络拓展经理，说：“是网络拓展的问题。”网络拓展经理看了看人力资源总监，说：“因为人力资源的问题。”人力资源总监说：“这怎么成了我的问题了，这就是运营的问题。”运营总监又说：“采购也有问题。”一个问题，牵出了一堆人。

他是怎么做到的呢？

在他开会的时候，他通常不那么关注投影出来的文档内容。当他试探着问关于某个数据问题的时候，他会看现场每个人眼神、神态、说话语调、举止行为等的变化，有时候甚至是非常细微的表现他都能观察到。比如，有的人紧张的时候会摸鼻子，有的人心里有鬼的时候会耸肩。他会把每个人的行为表现用大脑默默记录下来。

晚上回到酒店后，他不看电视，而是独自坐在房间里，回忆当天的会议上，当他提出一个问题时，每个人的行为表现是什么样的。然后，他会预演第二天当他提出另外一个问题的时候，那些人通常会做出什么反应。

我们有一个坏习惯，就是要面子。我们都会觉得，当上级问我们一个问题时，我们是必须要回答的。我们最怕上级问的问题我们回答不出来，这样就很没面子。如果说“不知道”或者“我给不了答案”，我们会觉得丢脸。结果我们通常是硬答，可是硬答之后，反而给自己惹了一身麻烦。

利用这一点，他会故意让很多人难堪。比如，他会当着老总的面问某位干部：“这项工作应该做到这样的程度，否则就是做得很不到位，你们是这么做的吗？”对方通常会回答“是”，因为他会觉得回答“不是”让他很没面子。那么，师父的下一句会说：“那你拿出来给我看看。”这时，对方通常是拿不出来的。

也许这位干部为了面子还会解释：“我们是这么做的，但是……”师父会问：“什么叫‘但是’？既然是，为什么还有‘但是’呢？你到底是‘是’还是‘不是’呢？”这时候对方的处境更麻烦了，因为他当时回答了“是”，结果搞得很没面子，接着为了挽回面子，他为自己辩解，结

果又很没面子。现在既不能说“是”，又不能说“不是”，怎么着都是没面子。

正确的做法是什么呢？如果真的完全做到了那种程度，就说是，然后很自信地拿出来；如果没有做到那种程度，就大方地承认还没有做到，以后会努力做，并且给自己和老总定一个完成期限，到了时间“交作业”。

又比如，他会当着老总的面问某位干部：“这个数据是不是有问题？你知道是什么问题吗？”对方通常的回答是：“哦，知道，可能……也许……大概……”他的下一句是：“什么叫可能？你要用‘可能’来管理吗？如果知道还会说‘可能’吗？你到底是知道还是不知道？”

正确的做法是什么呢？放下脸皮，说：“您的这个问题我现在没法回答，我要回去好好看看，今天下班之前我再给您答案。”

作为一名管理者，尤其是大型企业的管理者，严谨、慎重是非常必要的。没做到的事情，就说没做到；不清楚的事情，就直接说不清楚，或者说这件事太重要了，请给我一点时间再给您答案，而不是随便乱说话、乱回答，误导企业的最高领导层。说实话，反而会得到别人的尊敬。

越要脸，越没脸；不要脸，反而留下脸。

图3.2

曾经，我一直以为像师父这样的高级管理人才，最引以为傲的能力应该是“看数据”“定战略”“抓落实”这些聚焦在管理事务层面的能力。没想到，他觉得最重要的能力却是对人性的洞察和把握。这个能力有点像下围棋时的布局能力。围棋高手可以同时和30个人下棋，因为高手知道这30个人的下一步会怎么走。

这让我想起猎豹在捕杀猎物前，经常会潜伏着，花上数小时观察猎物，当确认有40%以上的成功率后，才会奋力一击，因为猎豹作为地球上奔跑速度最快的动物，每次捕杀猎物都将消耗极大的体力和能量。倘若一次不成功，它们可能一天都无法恢复体力来进行下一次的捕杀活动，倘若连续5次不成功或猎物被抢走，就有可能会饿死。

所以，猎豹在发力前，必然先要“观察”，然后才决定将自己一天的能量投资在哪些猎物上，能获得较高的投资回报率。

古人云，“知人者智”。我们可以把智者理解为能够认识和了解别人的人。智者本身不一定需要具备能者的才能，他们对人有更深刻的了解和认识，懂得如何借他人之力成就一番事业。人活在世上，有一技之长固然重要，因为它能养活自己，但要有更大的成就，仅有一技之长却还不够。没有对人性入木三分的洞察能力，我们就搞不清楚该如何与人相处，无法做到知人、用人。

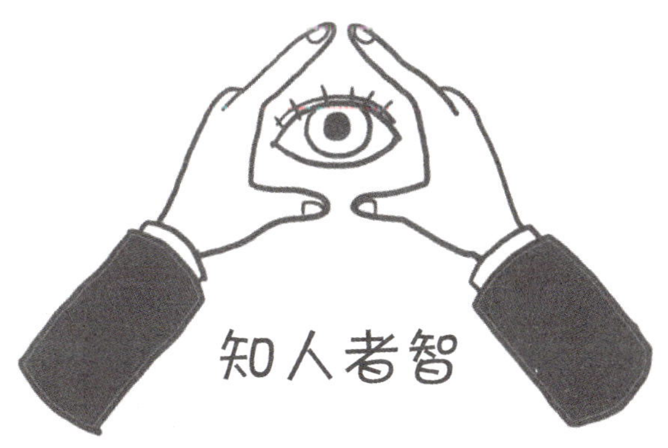

图3.3

观察用眼，洞察用心。洞察，要点在“洞”这个字上，要的就是以小见大的功力，而非惊鸿一瞥。什么叫观察？观察是指以不同的感官或行为，在特定的空间，通过考察、调查来全方位、多角度细察事物的现象、动向，并与原有的经验、知识进行比较并做出判断。什么叫洞察？洞察就是指挖掘事物内在的内容或意义，深入调查其本质，清楚地察知。在日常

生活中，洞察特指对人心理活动的观察很透彻，并能激发人性。

洞察和观察最重要的区别是：观察只是记录人们所做的事情，而洞察则能回答人们为什么会那样做。

任何事再复杂，都会有一个核心的关系，这个关系可能是逻辑关系，可能是因果关系，可能是利益关系。总之，无论如何，都有一个核心点在那里。想清楚这个最核心也最重要的点，是最关键的。

管理行为本身是管理者和被管理者双方的互动，被管理者的态度和行为会对管理效果和管理者产生影响。优秀的管理者在创造目标和价值的同时，也担负着创造并给予环境支持的任务，他们会通过聆听成员意见、响应需求，来帮助其完成任务，促进其行为结果。

所以，管理者需要更多地关注组织成员精神层面的需求，洞悉其成长要素、个性特点、价值取向、性格优势，充分认识和理解个体差异性，并在尊重的基础上，采取一定的激励手段激发他们的工作热情，增加他们对组织的认同感。强制、机械地控制人的行为、压制人的需求，只能暂时回避和掩盖问题，不能从根本上、从良性的角度解决问题。

对于组织发展来说，管理者确立了组织目标是远远不够的，更重要的工作是建立组织共同的价值观和信仰。只有组织成员真心投入或遵从群体目标，才能产生群体行动，并激发更大的责任感和创新精神，从而使目标产生激励作用。

成功的管理者关注成员的个人目标，洞察其深层次心理，他们会充分运用倾听、征询、尊重、说服及个人魅力等能力和技巧，将个人目标转化为群体目标。群体目标会形成共同愿景，它是组织中成员所共同持有的愿望，能创造出众人一体的感觉，并遍布在组织的活动中，从而改变组织成员与组织的关系，它是一种强大的驱动力。

提高洞察力的方法有很多，就职场人而言，比较有效的方法是：清除大脑中的无用信息，将大脑中存储的信息逻辑化、条理化，使自己的思维变成一面明亮的镜子。把注意力均匀地分配在四面八方，才能使自己的思维如同雷达一样，不放过任何一个进入视野的目标。当然，只了解方法还远远不够，更重要的是不断刻意练习。

3.2　让自己立于不败之地

每个企业都存在三种类型的人：20%左右的“人才”，这部分人可以叫“不可缺少型”；60%左右的“人材”，这部分人可以叫“合格型”；20%左右的“人裁”，这部分人可以叫“淘汰型”。任何员工必居其一。

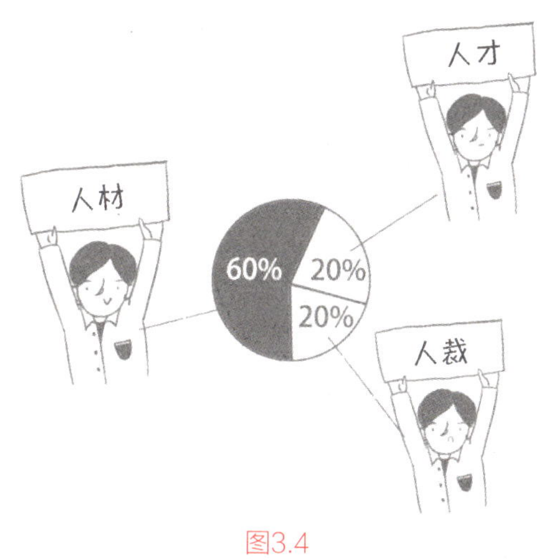

图3.4

不可缺少型的员工，要么是因为员工本身的技能和资源是企业不可或缺的；要么是工作能力突出，在自己的工作岗位上凸显了自己的工作价值。

刚毕业的小王和小李是同一所985名校的同班同学，他们同时被某公司的同一部门录取。他们的顶头上司是在行业内打拼多年、非常资深的刘总。有一次，刘总出差，走之前给他们布置了一项很重要的信息收集和整理工作，要求他们尽可能多地收集相关信息，两天内把整理好的信息文件发到他的微信上。

小王和小李都刚来公司上班不久，对这个行业、对这个公司的了解并不深。刘总没有告诉他们信息收集的具体要求、途径、方法等。小王有点不高兴了，私下跟小李说：“刘总真是的，走之前也不把这项工作交代清楚。我们都是刚毕业的，刚来公司，人生地不熟的，上哪里去收集信息啊？”小李笑了笑，说：“今晚我们回去都想想办法吧。”

小王第二天百度了一下，把百度前两页上的相关信息复制、粘贴成了

一份文档，直接在微信上发给了刘总。

小李呢，没有像小王那样着急。他找到了之前在刘总部门工作过，现在已经升职做另一个部门负责人的马经理，问他对于刘总安排这项工作的看法，以及关于这项工作的信息收集途径。马经理很忙，一开始并不想理会小李。后来小李多次拜访，甚至中午不吃饭在马经理的办公室外面等他。

马经理觉得小李这个新人很积极，也很虚心好学，很像当年的自己，就耐心地告诉了小李应该找的人。最后，马经理跟小李说："我把这几个人的电话给你，我一会儿也会跟他们打个招呼。你就说是通过我找到他们的，他们会帮你搞到一些信息。"

于是，小李逐个给他们打电话，收集到了很多很重要的内部数据和关键信息。小李把这些信息整理好后，多花了一点时间编辑成了微信公众号上的图文信息，推送给了刘总。

往后的日子里，几次其他的工作安排，小王和小李都保持着各自的做事风格。

1年后，刘总就把重要的管理性工作都交给了小李，把那些可有可无，却费力不讨好的事务性工作都交给了小王。

2年后，小李的薪酬稳步上涨，小王还是原地踏步。

3年后，小李被刘总提拔为这个部门的经理，成了管理层，而小王还在那里做那些重复的事务性工作。

5年后，小王默默地辞职了，到了另一家公司继续做他的事务性工作；而小李，因为刘总晋升了，他坐到了原来刘总的位置，挑起了大梁，独当一面。

为什么小王和小李的起点相同，命运却不同？

因为他们一个消极，一个积极；

因为他们一个找借口，一个想办法；

因为他们一个是为了完成差事，一个是为了呈现结果；

因为他们一个考虑的是自己方便，一个考虑的是别人方便。

不同的态度、不同的思维、不同的行为，产生不同的结果。

在上面这个故事中，刘总会花时间跟小王讲为什么自己不重用他吗？

不会。因为就算刘总说了又怎么样？小王听了就能明白，就能改变，就能达到小李的水准吗？教一头猪怎么爬树，还不如直接找一只猴子。大学生多的是，这个不行，再换一个就是了。

小李会告诉小王吗？怎么开这个口呢？难道跟他说："嘿，哥们儿，我觉得你根本没活明白。你看咱俩同时来的，我现在啥样，你啥样啊。"跟小王讲明白这个道理对小李来说是费力不讨好的事情，所以他也不会说的。

许多职场人搞不清楚公司和老板的需求到底是什么。有时候老板缺的往往不是钱，是时间。老板花钱雇员工，不是为了让员工来玩过家家，而是为了提高公司单位时间的产出。老板是否愿意在一个人身上投资时间，只取决于这个人对公司有无不可替代性。

图3.5

不可缺少型的员工有两种：一种是在创新、创意中发现规律，从而开创全新的事业，引领未来；另一种则是日复一日地做着同一件事，少有差错而且越做越好。前一种人创新决策，后一种人跟着执行，企业就是在这两种人的努力下循环往复地螺旋式前进的。

不可缺少型的员工是企业的中流砥柱，是企业的微型发动机，是企业的转动轴，是企业的千斤顶，是企业实现目标的执行骨干，是既能为企业锦上添花又能为企业雪中送炭的关键力量。好的企业正是有这么一组人来

带动更多的“中型齿轮”“小型齿轮”齐心协力完成计划。这样的员工一旦流失，企业就会运转不畅。

要怎么成为一个不可缺少型的员工呢？

1. 做得永远比老板要求的多一点

只懂得做好分内工作的员工，早晚会被企业淘汰。要超越上司的期待，才能让他对我们印象深刻。别只等着上司传授经验，等着上司教我们，等着上司带领我们成长，我们可以靠自己的努力，做出比上司要求的更好的成果。

2. 做得永远比周围的同事好一点

这是一个弱肉强食的世界，这是一个竞争激烈的社会。说得抽象一点，我们在职场晋升道路上的对手是自己；说得实际一点，我们的对手其实是和我们做同样工作的同事。这和“在训练场上是队友，在竞技场上是对手”的道理一样。那些总是比别人更积极、更优秀的人永远会获得更好的机会。

3. 发掘并锻炼自己的职场资本

职场资本是指一个人在职场中具备的有别于他人的、相对稀缺的能力。这些独特的个人能力是职场人的潜在价值。它通常可以使我们得到老板、上级以及周围同事的认可，并使自己得到就业、升职、加薪的机会。比如，有人天生性格开朗、处事圆滑、喜欢与人沟通，那他在销售、采购或行政办公室类岗位上发展就会比较轻松。

4. 永远保持不断学习知识和提升个人修养的习惯

职场人必须搭起一个知识和修养的框架。不搭框架，我们的知识和修养永远支撑不起自己的人生。人生需要大规划，而不是小经营。这里的大规划指的是我们对自己知识框架的规划，对自己人格框架的规划。不要小经营是指不要把心思用在领导喜欢什么这类事情上，不要把自己的格局搞得太小，不要去算小账，不要耍小聪明。支撑自己的人生要靠我们知识和修养的框架，靠我们把这个框架变得更稳固和强大，靠我们在这个框架基础上填充的内容，靠大智慧。

只有不断学习
才可能立于不败之地

图3.6

物以稀为贵，人以杰为尊。21世纪是人才经济的时代，是知识经济的时代。优秀的人总是先于他人触摸到稀缺的资源，因为社会的逻辑将优秀的人放在更重要的位置上。我们想要在企业里做到优秀，做到卓越，做到有价值，就要努力让自己成为一个不可缺少型的员工。

3.3　Always“zuo”never die

这个时代的变化速度越来越快，每个人一生都可能要经历两到三个城市、三到四个行业，搞不好还要经历两到三段婚姻，每个人都会成功或者失败很多次。我们总能看到市值十亿元、百亿元的公司在几年之内迅速崛起并发展壮大，同时我们也能看到很多市值千亿元的公司在几年之内迅速衰落、破产。成功和失败都会来得很快，而对于我们每个个体来说，因为害怕失败而不行动绝不是正确的解决方案。我们需要的是自我修复能力。

现今，有很多具有良好教育背景的人未能成功，他们最缺的就是自我修复能力。没有离开过校园的天之骄子最重要的事情就是读书、学习、考试，他们象牙塔中的生活遵循“只要……就……”的法则。在那里，只要分数高，他们就会赢，分数代表了结果、证明了一切。可踏入社会后，他们发现世界远不是自己想象的样子，在碰壁后他们便会迷茫、怀疑人生，

甚至一蹶不振。

尼采曾经说过："那些杀不死我的，让我变得更强大。"这也是自我修复能力的核心：即使生活抛弃了我们，给予我们不可理喻的创伤，我们自身也要拥有一种极其可贵的恢复能力，改变支离破碎的命运，重归发展之路。我们甚至可以看到，有些自我修复能力相当强的人，苦难反而成为他们人生的"大学"，使他们做出了常人都没有做到的、令人惊叹的事情。

强者往往是那些
自我修复能力强的人

图3.7

在2016年美国总统大选中，当选美国总统的唐纳德·特朗普（Donald Trump）就是一个典型的具备自我修复能力的人。他是一个跨界高手，他曾是航运公司的老总、房地产大亨、传媒人士、主持人，还是一个畅销书作家，代表作为《做生意的艺术》（*Trump:The Art of the Deal*），在美国狂卖300多万本。但很少有人知道，特朗普跨界的背后其实是超强的自我修复能力，他这一辈子经历过4次破产，最惨的时候负债高达9亿美元，当时借给他钱的各大银行都害怕了。

1990年年初，美国经济持续衰退，这段时期是特朗普最艰难的时期，泰姬陵赌场度假村被迫宣告破产，他的个人债务高达9亿美元，按破产委员会的规定，他本人的午餐费不能超过10美元。

当时的美国媒体纷纷发表评论声称特朗普无法东山再起了。然而事实却是，1995年他重振旗鼓，身家很快又达到了20亿美元。在他家干了30年的管家安东尼·塞内卡尔（Anthony Senecal）告诉《纽约时报》，他最佩服特朗普一天只睡4个小时，黎明前必定起床，看完报纸后打球，然后开始一天的工作。

2011年，特朗普宣布参加美国总统大选。当时，美国人民都觉得这是一个笑话，谁会投票给一个长着一头奇怪的金发、满嘴跑火车、坐着豪华专机携模特妻子频繁出镜的商人呢?

就连奥巴马也当众羞辱过他。在一次白宫晚宴中，奥巴马播放了一张经过特殊处理的“特朗普白宫度假胜地”的门口有比基尼美女和镶金的柱子的照片，暗示特朗普不但将把他浮夸的生活方式带入白宫，还可能在其中提供色情服务。当时，现场摄像师多次将镜头扫向特朗普的侧脸，他神色紧绷、一语不发。第二天，各大美国媒体的头条都是“特朗普被羞辱”。

2016年参选总统时，特朗普的遭遇更曲折。

首先是许多共和党人士公开表示不会支持特朗普。2016年5月，在特朗普几乎稳获共和党总统候选人提名时，美国共和党大佬之一——众议院议长保罗·瑞恩（Paul Ryan）明确表示自己尚未准备好支持特朗普。

在特朗普与希拉里进行第二次电视辩论后，他更是直接表态：希拉里可能会成为11月8日选举的最后赢家。在特朗普的录音曝光后，瑞恩就表示不再为其背书、助选，并取消了和特朗普一起参加的一场竞选活动。这并不是个例，当时相关调查显示，超过10%的共和党人士希望特朗普退选。

共和党的大金主纷纷撤销赞助。美国城堡投资集团（Citadel Investment Group）的创始人肯·格里芬（Ken Griffin）、对冲基金经理保罗·辛格（Paul Singer）、赌场大亨谢尔登·阿德尔森（Sheldon G. Adelson）、富商理查德·乌伊莱因（Richard Uihlein）以往都是共和党的大金主，却在特朗普被正式提名后，不是选择沉默，就是转而支持国会议员。

往年，为了表达中立，苹果公司会为两党都提供赞助，而2016年，他们却直接撤回了对共和党的捐款和赞助。逾70名共和党人士联名上书，恳请切断援助特朗普的资金。他们在联名信中写道：“这并不是一个艰难的决定，因为特朗普能成功当选的可能性在一天天减小。”

最尴尬的是，多人表示不愿意当特朗普的竞选副手！2016年5月，特

朗普刚列了一个竞选副手名单，就惨遭各方“打脸”。根据相关报道，2008年的共和党副总统候选人萨拉·佩林（Sarah Palin）对媒体表示，她虽然力挺特朗普，但不想成为他的“负担”。名单上的鲁比奥（Marco Rubio）表示，他对成为特朗普的竞选副手不感兴趣。此前，他曾称特朗普是最“粗鄙”的总统竞选人。另一位备选人卡西奇（John Kasich）也坚称不会和特朗普合作，与他合作的可能性为零。

在这样内忧外患的情况之下，特朗普能做的就是自己一个选区、一个选区地争取选票。公开资料显示，7月两党大会之后的一个多月里，特朗普已经先后在佛罗里达、艾奥瓦、威斯康星等15个选区的不同集会上进行了演讲，甚至因为没有从政经验，特朗普还特地前往墨西哥进行“外交旅行”。最后，特朗普延续了自己的传统，即以失败开始，以成功结束。

特朗普曾说：“很多朋友破产后就跑路了，我再也没有见过他们。但幸运的是，我没有选择他们的路，我一生中走错了不少路，看错了不少人，承受了许多的背叛，我曾落魄、狼狈不堪，但无所谓，只要我还活着，坚持下去，总会有希望，余生很长，何必慌张。”

这个世界真正的玩法，绝不是No “zuo” no die（不作死就不会死），应该是Always “zuo” never die（常作不死），也就是要具备自我修复能力。

怎样提升自我修复能力？

遇到挫折以后，许多人会劝解自己一些诸如“到大自然中去，到其他的城市去，去寻找，去行走，去完成心灵的唤醒和释放”“不必聚焦在一件事情上，要学会转换，一切就好了”“让快乐的力量来帮助修复心灵”之类好听但不解决任何实际问题的话。

实际上，任何寻求安慰的行为都不会让我们成长。要使内心变得强大，就要学会独自面对，而不是去找人倾诉。如果我们自己都无法梳理清楚自己的问题，别人又怎么讲得清楚呢？如果我们自己可以梳理清楚自己的问题，又何必要去跟别人讲呢？另外，痛哭流涕、借酒消愁、出门旅行等这些事情只会让我们寻得一丝安慰或感到安全，并不能解决问题。

我们应给自己一些时间，懂得原谅自己和鼓励自己。成长要经过特别艰难的自省，我们必须抛弃所有说给自己和别人听的漂亮话，正视自己的无能和不可得，甚至一遍又一遍地被嫉妒、怨恨、愤怒击倒，我们才会懂得逃避不能让我们成长，我们只能选择我们所能承受的。所以，逃避不会解决任何问题，只会为下次再犯同样的错误埋下伏笔。

遇到挫折就勇敢地面对

图3.8

冰冻三尺非一日之寒，要真正明白自己的现状，就必须对自己绝对诚实，然后一点一点地、有针对性地去改变。没有不可治愈的伤痛，没有不能结束的沉沦，所有失去的，都会以另一种方式归来。

3.4　影响和说服所有人

我曾听许多人说过，师父是一个很会给别人“洗脑”的人。他们说，师父虽然中文不是很好，但很会讲话。他知道什么时候该说什么话，什么场合该做什么事，他总是能快速让别人了解并同意他的观点。当他站起来时，总是能迅速成为全场关注的中心。会议的气氛在他的影响下，时而煽情，时而理智，时而欢乐，时而悲伤，他仿佛自带光环，而其他人都是观众，情不自禁地被他影响着。

我以前是一个不太会表达的人，在公司开会的时候经常不知道该说什么好，有一些原本很好的方案也不知道该怎样向别人说明。后来看师父的“套路”看多了，我总结出了一套能够强有力地影响和说服别人的框架。按照这套框架去做，我发现原来影响和说服别人并不是那么难的事情。

1. 影响和说服的三点原则

（1）不要总想着说服别人，其实，我们永远说服不了别人，人只会被自己说服。我们要做的就是让对方自己找到问题，找到思路，自己说服自己。说服的目的不是让对方做对我们有利的事情，而是让对方做对他自己有利的事情。

（2）不要站在对方的对立面和他谈“理解”，应尝试站在事物的侧面去解释它的两面性，不较劲，不较真。大多数情况下，我们无法保证对方百分百听从我们。影响和说服的艺术在于搁置争议，并寻求共赢的解决之道。

（3）不要在思想上贬低对方，如果我们把对方当白痴，对方也不会把我们当正常人。我们应提醒对方没有注意到的问题，引出对方理解的缺陷，然后认可对方想法的可执行性，最后再强调自己的建议更具备实用性。

2. 影响和说服的三个效应

（1）风险逆转效应。

“治不好病不要钱”“七天之内无理由退货”“公务员考试包过班”，这些标语都对说服用户购买自己的产品或服务极有帮助，因为他们把原本需要消费者承担的风险转移到了自己身上。

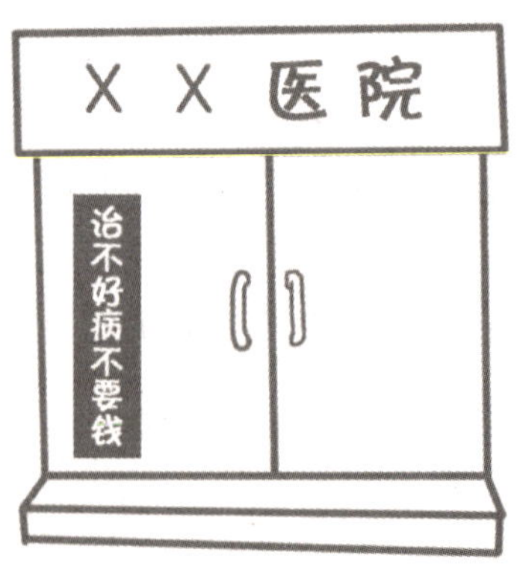

图3.9

人们有时候难以被影响和说服，很大程度上是因为他们害怕承担错误决策的风险。当有人把风险从说服对象那里转移给自己，或者是承担一部分后，说服成功的概率就会大大增加。

比如，当应聘某公司，面试官觉得我们不是那么合适的时候，我们可以说："我可以不签合同，免费为公司打工三周。要是您觉得我不合适，直接开除我就可以了，也不用付我工资；要是觉得我合适，我们再签合同，按正常流程走。"这样，就是把公司选材失败的风险转移到自己身上，同时还有可能得到offer。

又如，当请求老板给自己加薪，老板犹豫的时候，我们可以说："要是我下个季度绩效考核指标没有达成，薪水可以降回原来的水平。"这就是把加薪之后绩效没增长的风险转嫁到自己头上。

再如，当对喜欢的女孩表白后没有结果的时候，我们可以说："请你不要有太大压力，我们可以先暂时成为男女朋友，慢慢相处。如果有一天你觉得不合适，我们再重新回到普通朋友关系。"这样，是把"男女朋友"和"普通朋友"二选一的问题，用一个折中的选择代替，把女孩害怕答应之后又发现不合适的风险降到最低。

（2）过度理由效应。

一位老人在一个小乡村里休养，附近却住着一些十分顽皮的孩子，他们天天互相追逐打闹，吵闹声使老人无法好好休息。在屡禁不止的情况下，老人想出了一个办法，他把孩子们都叫到一起，告诉他们谁叫的声音最大，谁得到的报酬就最多。他每次都根据孩子们吵闹的声音大小给予不同的奖励。

当孩子们已经习惯获取奖励的时候，老人开始逐渐减少所给的奖励，最后无论孩子们怎么吵，老人一分钱也不给。结果，孩子们认为他们受到的待遇越来越不公正，他们认为"不给钱了谁还吵给你听"，于是再也不到老人所住的房子附近大声吵闹了。

如果人们的某一行为本来有充分的内在理由（如兴趣支持），那么人们对于其行为与理由的认知是协调的；但如果以具有更大吸引力的外在理由（如金钱奖励）给人们的行为增加"过度理由"，那么人们对于自己行

为的解释会转向这些更有吸引力的外在理由，从而减少或放弃使用原有的内在理由。

此时，人们的行为就从原来的内部控制转向了外部控制，如果这时候外在理由不复存在，比如不再提供金钱奖励，那么，人们会认为自己的行为失去了理由，从而倾向于终止这种行为。这就是过度理由效应。

对于这些孩子，如果他们只用外在理由（得到奖励）来解释自己的行为（吵闹），那么，一旦外在理由不再存在（没有奖励了），这种行为也将趋于终止。因此，如果我们希望某种行为得以保持，那就不要给它足够的外在理由；如果我们需要某种行为终止，那就给它足够的外在理由，然后再把外在理由撤掉。

（3）渐进效应。

某个朋友向我们借1万元，说明天就还。这听起来似乎没什么，反正只是隔一天的事，于是我们把钱借给他了。他拿了钱以后又说，这钱也许不能如期归还，且如果3个月后再还钱对他更方便，我们通常也会同意。但是，如果他一开始就说要3个月以后再还，我们不一定会这么痛快地答应他。

1966年，某心理学家曾做过一个试验。他随机访问一组家庭主妇，要求她们将一个小招牌挂在她们家的窗户上，这些家庭主妇愉快地同意了。过了一段时间，他再次访问这组家庭主妇，要求将一个不仅大而且不太美观的招牌放在庭院里，结果有超过半数的家庭主妇同意了。与此同时，他又随机访问了另一组家庭主妇，直接提出将不仅大而且不太美观的招牌放在庭院里，结果只有不到20%的家庭主妇同意。

先提出一个要别人付出较小代价的要求，在别人接受这个小的要求后，马上提出一个要别人付出更大代价的要求，这要比直接提出较大要求更易于为人们所接受。

有一本在泡妞界很火的书，叫《谜男方法》（*The Mystery Method*），教男生如何在夜店短时间内和美女交朋友。作者在这本书里说道：

“女生一般不会直接答应一个大的要求，比如跟一个刚认识不到1个小时的陌生男人出去玩。但是，她有可能会答应一系列小的要求，比如，在初步搭讪成功后，一起玩各种酒吧小游戏（喝酒、猜拳、跳舞等）。

“在进一步熟络之后，会进一步提出小要求。比如，开车带她去另一个地方继续喝酒聊天；或者邀请她去自己家看可爱的宠物；或者邀请她和自己坐在床上看电影……

“总而言之，就是把一个大要求拆解成一系列的小要求，增加对方答应自己的可能性。在对方说出第一个‘yes’后，她之后的决定都会倾向于加强自己先前的决定。”

举这个例子可能不太合适，但道理是相同的，这在销售学里叫“加码”，在营销学里叫“承诺的一致性”，在管理学里叫“沉没成本”。

有时候，成功的推销员不会直接向顾客推销自己的商品，而是提出一个顾客通常很容易或者乐意接受的小要求，从而一步一步地达成自己推销的目的。对于推销员来讲，最困难的并不是推销商品本身，而是如何开始第一步。当顾客把一名推销员请到屋里的时候，他的推销已经成功了一半。

3. 影响和说服的黄金五步法

一个成功的减肥药广告就是一个完美的说服过程。它的“剧情”通常是这样设置的：

第一段：胖子交不到异性朋友，找不着好工作。胖子被父母嫌弃，被伙伴嫌弃，被邻居嫌弃，被社会嫌弃。胖子点背，吃饭能噎着，喝水能呛着，出门会摔跤。胖子是社会的loser（失败者），而身材苗条的人是社会的winner（胜利者）。总之，胖就是罪。

第二段：继续肥胖下去，四肢会退化，智商会降低，能力会变差。肥胖会引起一系列身体问题，癌症、心脏病、“三高”等各种疾病的发病概率增加，世界上N多的人死于肥胖问题。总之，胖就该死。

第三段：运动减肥太难坚持，挨饿又太难受，如何既快又容易，减肥药是唯一的选择。普通的减肥药对身体有害，不过，有好消息了！美国、英国、日本等地的世界顶级的科学家终于有了最新的研究成果，他们研发出了有效抑制肥胖的特效药，而且对身体无任何副作用。总之，有办法了。

第四段：哇，快看，这些人吃了这个药以后都瘦了哦。他吃了两周，就减了20公斤，效果多好啊。他原来就是一个矮丑穷，现在竟然变成了高富帅；她原来是一个丑胖穷，现在变成了白富美。他们都吃了两年了，没有一个体重反弹的！总之，这个药的效果是极好的。

第五段：天哪，这药最近特价呀！各种优惠，各种打折，各种活动！过了这个村，就没这个店了，现在是最后的机会哦！快点拨打屏幕下方的电话或者扫描二维码订购吧！晚了，可就没货了！总之，赶快行动。

五段之后，身上稍微有点肉的人都想买来试一试。

图3.10

这套卖减肥药的技巧可以用于演讲、培训、谈判、沟通等领域；可以用于上级说服下级，下级说服上级，老公说服老婆，老婆说服老公等场景，几乎适用于任何人、任何情景。很多时候，我们会被广告耍得团团转，被上级骂得团团转，被下级哄得团团转，被同事骗得团团转，还以为他们说得很有道理，其实这个“道理”的内核逻辑与卖减肥药无异。

黄金五步法也可以被称为“你有病，我有药”的说服模式。

第一步：你有病，而且看起来好严重（引起重视）。

在开始时，要想办法引起人们足够的注意和重视。把人们唤醒，激发他们的兴趣，让他们从思想上快速地“参与”进来。在这里，可以借助幽默或惊人的事例、糟糕的数据、吸引人的故事等任何能够吸引注意力的方法将人们快速拉入主题。我们很难通过智力去引起别人的注意，而情感往往能做到这一点。不要急着讲道理或者教做人，先获取“情感认同”，再寻求“道理认同”。

第二步：你看起来需要马上治疗，不然可能会有生命危险（设立需求）。

要想把人们煽动起来，就要让他们知道改变的需要。但是，不要马上把改变和将要提出来的解决方案建立联系。这就好像，如果有人打算推销一款产品，不要一开始就给大家看产品，而是应该先告诉他们这个产品会帮他们弥补什么样的缺陷、满足什么样的需求。总之，让他们相信自己的现状是需要改变的。

在这里，我们可以使用数据支持观点，讲明维持现状、不做改变会有什么后果，并展示问题是怎么造成影响的。这一步的主要目的是让人们感到很不舒服或者不安，打算做些什么来改变现状，而这正是我们接下来要推荐的。

第三步：好巧，我这里有药，正好可以治这个病（满足需要）。

在人们展示了确切的需要之后，我们就要开始满足这个需要。在这里，我们已经可以开始介绍自己的解决方案，并解释它的工作原理，以满足人们的需求。

如果我们对某位老板说，他的公司因为某些环节没有实现自动化而每年白白损失5000万元的成本，而实现自动化其实只需要2000万元，他会不会想让我们马上为他提供自动化的解决方案呢?

当然，在这个过程中我们需要进行详细说明、仔细论证和必要总结，并使用案例、数据证明方案的有效性，确保人们理解方案。

第四步：吃了以后效果很好（展望未来）。

这一步是说服真正发挥作用的地方。前面的三步是在逻辑上说服人们，而这一步则是在心理上打动他们。具体方法就是让人们看到消极的和积极的情况，即告诉人们如果没有解决方案会怎样，有了解决方案又会怎样。

这样做的目的是把“对满足需求的欲望”印在人们的脑海里。在描述展望的时候必须现实且具体，越是现实、越是具体，获得的效果越好。我们的目的只是让人们同意我们的观念并促使他们采取和我们所推荐的方法一致的行为，为此我们可以使用三种方法来描述展望：

（1）从正面：着力描述采用方案后会带来哪些美好的结果，强调正面的问题。

（2）从反面：更加着力描述没有采用方案是多么可怕的事情，强调

负面的问题。

（3）两面对比：用正反两面形成强烈的对比。

第五步：给，拿去，快吃吧（呼吁行动）。

这是整个说服过程中收尾的一步。人们在听完我们的整番描述之后想做些什么？该做些什么呢？我们可以直接告诉他们，但更好的方式是想办法让他们自己说出来。同时，这件事最好是一件具体、简单而且在48个小时内就能开始做的事，否则会被人们渐渐遗忘。

小提示：要根据具体的情境具体处理，不可一概而论。巧妙地运用影响和说服的框架技巧，可以改变人生！

3.5 其实优秀是一种习惯

许多人会把自己的一事无成归因为自我克制能力弱或者自我管理能力差。比如，我喜欢玩游戏，就是因为我管不住自己的玩性；我喜欢吃，就是因为我管不住自己的嘴；我想好好上班，可是有时候，我就是各种管不住自己。

这群人往往心中会有这样一种假设：只要我的自我管理能力强了，能够管得住自己了，我就可以……然后可以……就能够……

于是，他们开始通过网络、培训班等各种途径学习自我管理的相关知识，仿佛学成之后，他们的自我管理能力就强了，自控力就强了，就可以改变自己的命运了。而现实往往是他们学来学去，最后却没有太大的变化。

问题出在哪里呢？是他们在学习自我管理的过程中不努力？不是。是因为他们的问题其实根本和自我管理能力的强弱没有多大关系。

经历过高考的人都有一种体会：备战高考那段时间似乎是自己人生中学习力和自控力超强的巅峰时期。那段时间他们可以没日没夜地做很多题，可以学习到很晚，到了第二天，却还能精神抖擞，继续奋战。

奇怪的是，同样是这帮人，考上大学以后，生活不如以前那么紧张，大部分人反而变得懒散了，没有了之前的劲头和毅力。假期时，他们更是一发不可收拾，暴饮暴食、熬夜看剧、晚睡晚起都是家常便饭。

多少人在这种状态下度过大学生活

图3.11

为什么会这样？因为没有目标了？因为生于忧患，死于安乐？这些是结果，并不是原因。我们以为问题的核心是自我管理能力变弱了，而这其实只是假象。

真相是：保证我们高效运转的是习惯，而不是自我管理能力。想一想：在高考之前的那种紧张的学习氛围里，我们被动地养成了多少习惯？每天规律地上课、自习、吃饭和睡觉，我们的目标非常明确。每个月、每个星期、每天需要学习或复习什么，学校和老师们都替我们规划和安排得非常好。

在那种环境下，我们对一切习以为常，就像每天早上起床后都会自动去刷牙洗脸一样。想一想我们起床后刷牙洗脸的过程：睁开眼，穿上衣服，走到洗漱台前，拿起杯子和牙刷，接水，挤牙膏，开始刷，刷完以后洗脸（习惯先洗脸后刷牙的请自行脑补画面）。即使我们还睡眼惺忪，但这个过程我们仍然能精确无比、毫不费力地执行下来。这个过程需要自我管理能力吗？

所以，同样道理，高中的生活基本不需要太强的自我管理能力。而当我们进入大学以后，一切都变得比较自由，没有了高中的那种环境，我们便丧失了那些被动的习惯，于是过上了各种各样的沉沦和放纵的生活。

另外一个被人们误解的事情是自制力一旦形成，就取之不尽用之不竭了。其实人的自制力是有限的，和身体的肌肉力量一样。这个结论已经被诸多心理实验证实。

想象一下，当我们饥饿难耐的时候，面前有一桌大餐，全都是我们平时最喜欢吃的菜肴。我们本来可以随便吃，但偏要告诉自己要克制住，不能吃这些我们最喜欢吃的菜肴，只能就着白开水吃一张毫无味道的饼；当我们在一个本来可以休假放松、享受生活、做任何自己想做的事情的时刻，偏要告诉自己要克制住，不能休息、不能玩，还要继续埋头苦干。

这样的诱惑，每拒绝一次，我们的自制力就会被消耗一分，如果面临的诱惑太多，总有一个时刻，我们会“累”到无力抵抗。这个道理和我们进行体力劳动后会精疲力尽是一样的。比如，当我们自己搬家时，把一大堆家具吃力地从楼上搬到楼下，再从楼下抬上货车，再从货车抬到新家。也许用不了一天，我们就会双臂酸软，腰酸背疼，严重的可能连一杯水都举不起来——因为我们的肌肉力量被耗尽了。

当然劳累的肌肉过两天会恢复，损耗的自制力睡个好觉后也能回归正常。不同的人，天生力气就不一样，自制力的强弱也不一样。自制力的强弱与智商一样呈正态分布。有自制力超群的，也有弱到掉渣的，这两部分人在人群中都占较少的比例，绝大多数人都处在中间的那个状态——不算强也不算弱。

肌肉力量有极限，自制力也有极限。生活中，我们面临的诱惑如此之多，靠后天锻炼出来的自制力根本就不够。社会上的成功人士、精英人士，能够高效地工作、学习和生活，并不像我们往常以为的那样，依赖于强大的自制力，而是得益于后天构建起来的习惯体系。

如何利用我们有限的自制力去构建这样一套体系，才是事情的关键。但是要构建习惯体系并不是一件轻松的事情，原因在于很多人不知道习惯养成背后的原理。习惯的养成依赖于四个方面：

（1）信念（belief），是养成习惯的顶层条件，它能够向自己解释“为什么”。为什么有人要养成早睡早起的习惯，因为他的信念认为，这对自己的身心健康有好处；为什么有人要养成每天学习两小时的习惯，因为他的信念认为，这对自己的事业发展有好处。

相反，为什么有人对养成早睡早起和每天学习两小时这种习惯并不在意，很大程度上是因为他们的信念认为，这跟身心健康和事业发展没有太大关系。实质上，有没有关系是“事实”，认为它们有没有关系就是“信念”。强化自己的信念有助于获得精神上的正反馈和积极的动因。

（2）触机（cue），是触发习惯的开端，就像是手枪的扳机，扣下扳机后，子弹就能飞出去。习惯的触机有很多，可能是时间、地点、事件或场景。

比如，我们早上刷牙洗脸这一系列动作的触机是起床这个动作；如果有人每天中午十一点半吃饭的时候都喝酒，长年下来，到了中午十一点半的时候他就会习惯性地想喝酒；如果有人每天在睡觉前习惯刷微博和朋友圈，那么触机可能会是他躺下来盖上被子的动作；如果有人习惯在客厅里看电视，那么可能他回家后一到客厅就会下意识地打开电视。

触机是大脑中一个习惯流程的开始，是整个习惯养成的必备一环。触机本身没有好坏之分，决定习惯对我们是否有利的是触机引发的一系列惯性行为。

（3）惯性行为（routine），被称为惯性行为是因为它是无意识的。比如，有人一打开电脑，就会先打开网络游戏；有人一到办公室，就会先泡一壶茶。在建立新习惯的过程中，我们的自制力被用来修正那些引起负面效果的旧行为，并将其替换为新的惯性行为。

在更正旧行为的过程中，我们需要格外注意引发它的触机，同时关注自己的行为，并不断提醒自己不要重蹈覆辙。这一步非常消耗时间和精力，我们可能要与旧行为反复拉锯，因为要建立良好的惯性行为不仅需要用自制力去克服旧行为，还需要在克服旧行为后能够获得一定的正向反馈，也就是接下来要说的“奖励”。

（4）奖励（reward），这是习惯养成中至关重要的一环，它往往容易被我们忽略。为什么坏习惯容易养成且难以改变？因为它们的奖励往往即时且明显，打游戏、刷朋友圈、网络购物哪个不是这样？

好习惯难以养成，恰恰是因为短时间内奖励不够明显。背单词、健身、学习这些行为往往需要较长的时间才能看到效果，有些人天生能从这些过程中获得精神激励，但大部分人不行。所以，我们需要适时地给予自己一些奖励，比如，记录自己的成长和进步并时不时发个朋友圈鼓励一下自己，达成一些小目标后吃一顿好吃的庆祝一下，等等。

图3.12

小提示：养成习惯，需要保持积极的、开放的、成长的态度。如果想养成学习和健身的习惯，就多去看看那些可以享受学习、享受健身的人是怎么做到的，尝试学习他们的方法，把目光放在积极面上，而不是怀疑自己。

PART 2

嘿，快醒醒吧

第4章

我们是怎么被自己忽悠的

是谁决定我们的职业发展？是社会，是公司，是老板，还是我们自己？我们真正了解过自己吗？真正认识过自己吗？我们每个人都讨厌骗子，但其实我们骗自己的本领可以胜过世界上任何一个骗子。我们每天、每时、每刻都在欺骗自己，都在影响自己做理性的判断。我们自己其实是世界上最大的骗子。

图4.1

4.1　我们是怎么骗自己的

我们时常会在杂志、网站或朋友圈看到一些用作消遣的心理测试，题目类似于“准到爆，测一测你是一个什么样的人”。这类心理测试通常题目数量不多，由一个或几个简单的问题构成，内容也比较简单，比如会问："当你来到一个花园，看到这个花园里种满了花，你希望是下列选项中的哪一种花？""假如你来到一个庄园旅游，你希望这个庄园是下列选项里的哪一种？"

当我们选完以后，会出现类似这样的答案：你是一个喜欢得到他人赞扬的人，但你有时候会对自己身上的一些小毛病比较在意，有时候也会怀疑自己是不是在用正确的方法做正确的事情。你喜欢接触新鲜事物，不喜欢生活在条条框框的限制下；你喜欢独立思考，不轻信别人的观点……

当我们正准备赞叹这个测试很准时，大脑中有个声音会告诉我们看一下其他选项是怎么说的：

你意志力比较强，外表和善，内心有梦想，对有利于自己的人际关系比较看重。有时你会显得性格急躁，对不利于自己的事情会有抗争的想法，对爱情和婚姻的看法比较现实。

你有时感性，有时理性，你以是否与自己投缘为标准来选择朋友。你有时孤傲，有时温情，有时急躁，有时沉着。对于按常规办事，你有时候喜欢，有时候不喜欢。

你聪明机灵，待人热情，爱交朋友，但对朋友没有严格的选择标准。你善于发现自己感兴趣的事情，有时勇于冒险，有时比较胆小。你渴望浪漫的爱情，但对婚姻的要求比较现实。

奇怪？怎么细细品味之后，我们会发现好像这些选项都在形容我们。这是怎么回事呢？我们来看一个心理试验。

1948年，美国有位叫培特朗·福瑞尔（Bertram R. Forer）的心理学家做过一个试验。他让一整个班的学生做了一份性格测试问卷，学生们把这些问卷上交之后，福瑞尔告诉大家："老师会对大家的问卷做深入的分析，每个人都能拿到针对自己性格的分析报告。"

第二天，福瑞尔准备了一堆一模一样的性格分析报告发给学生们，然后让学生们对这份性格分析报告和自己性格的相符程度打分。结果85%的学生都认为报告非常符合自己的性格。

福瑞尔研究发现：当人们面对一个模糊的描述时，会不自觉地将它与自己的情况对号入座，然后会觉得这个描述就是在描述自己。这种倾向后来也叫作“福瑞尔效应”（Forer Effect）。

心理学家认为，福瑞尔效应可以用于解释为什么有些人总觉得算命的人说的都很准，并且愿意付费。延伸一下，在股票交易领域，许多媒体和机构教给大众的各种股票分析方法，无论在股票的涨盘时还是跌盘时都说得通，这些方法给大众营造一种“高大上”的感觉，让大众为之付费，但其实根本起不到预测股市的作用。

人为什么会产生福瑞尔效应？其实是一种叫作“主观验证”的思维模式在起作用。什么意思呢？当有一种观点专门被拿来描述我们本人时，尤其当这个观点是积极和正面的时候，我们就很有可能会接受这个观点。

比如，有人对我们说：你是一个内心善良的人；你是一个勇敢果断的人；你是一个诚实守信的人。听到这些，我们很容易接受，并且很快就会相信这都是真的。因为在我们的大脑中，“自我”占据了大部分的空间，所有关于“我”的正面的东西都是很重要的而且是容易被接受的。

主观验证的思维模式能对我们产生影响，是因为我们的潜意识选择去相信。当我们选择去相信一件事的时候，我们总能搜集到各种各样支持自己的证据。就算原本是与我们毫不相干的事情，我们的潜意识也还是可以找到一个逻辑让它符合我们的设想。

当要验证自己时 每个人都自带足量的论据

图4.2

当有人说我们是一个内心善良的人的时候，我们通常会第一时间选择相信，然后大脑会搜寻许多关于自己内心善良的“事实证据”。比如，我们可能会想起小学时期扶老奶奶过马路；我们可能会想起中学时期给希望工程捐过款；我们可能会想起大学时期献过血等正面的事实案例。

而这个时候我们通常很难会想起，我们小学时期打碎过别人家的玻璃并偷偷逃掉；我们中学时期看到别的同学被欺负时却在一旁幸灾乐祸；我们大学时期和舍友一起嘲笑某某因为矮丑穷而找不到异性朋友等。虽然这些都是事实，但人们总是喜欢拿正面的事实来验证自己、标榜自己。

我有一位40多岁的朋友Brian，正在攻读博士学位。我常听他平和、亲切地给后辈讲自己走过的冤枉路。因为他为人随和、性格开朗，还特别能喝酒，所以所有兄弟朋友们只要有饭局都会把他叫上。由于对情谊和面子的看重，他参加了许多“朋友叫到不好意思说不去”的聚会，久而久之他也习惯了这样的生活。不过后来，他却变了。

原因是在他跟女朋友谈婚论嫁的时候，遭到了女方家人的反对。女方家人说他只有一堆酒肉朋友，没啥本事，整天就知道在外面瞎混，没有自己的事业。他想，我有那么多朋友，认识那么多人，怎么能说我没本事呢？这不就是本事吗？

一位长辈问了他两个问题之后，他被点醒了。

问题一：你经常出去吃饭都收获了些什么？

他想了想，除了和那些所谓的兄弟们在一起吹牛、瞎乐外，真没有什么实质性的收获了。那些酒桌上认识的“朋友”，有许多不过是见过一面而已。他曾尝试找他们帮忙办事，结果有的推脱，有的避而不见，有的干脆忘了他是谁，大多无功而返。那些愿意向他伸出援手的还是认识多年、接触最多、关系最铁的那几个哥们儿。

问题二：你的朋友都是在什么情况下请你出去吃饭的呢？

正是这个问题让他恍然大悟。他的“朋友”很多时候都是吃饭前半小时给他打电话让他过去。他们组织的饭局，有的是酬谢朋友，有的是托人办事儿，有的是单纯聚聚，似乎跟他的关系都不大。其实这些饭局并不是非有他不可，只是多了他更加热闹。因为朋友们每次叫他时都会说类似“怎么能没有你，没有你不行”“你是主角，你是老大”的话，所以他也

飘飘然起来。

当他想清楚这两个问题之后，才意识到女方家人的反对不无道理，Brian只恨自己当初不争气，把时间都花在无用的社交上，白白浪费了光阴。现在的Brian会跟别人讲："低质量的社交，不如高质量的独处。"

图4.3

人与人之间的交往逃不掉社会交换的原则：有权力的人通过混圈子扩大社会影响力；有求于人的人通过混圈子认识对他有用的人；信息渠道狭窄的人通过混圈子获取信息；害怕寂寞的人通过混圈子凑热闹……如果我们没有诉求，那还不如在家待着，图个清闲。别以为别人请我们就是真的需要我们，也别觉得自己有多重要，有时候别人需要的只是一个凑份子的人而已。

小提示：别把自己想得太好，我们通常都不是自己想的那个样子。别太在意外界的评价，它们或好或坏，或对或错，都不是那么重要。重要的是我们要学会发现内心中那个最真实的自己。

4.2 只是提个醒，何必那么紧张

很多时候，我们只是单纯地想给别人提个醒，想好意地告诉对方，他稍加调整后可能会变得更好，却往往很快地接收到对方下意识的回应。比如，告诉我们他为什么会这么做、为什么事情就应该是这样的这类“合理解释”，以说明他自己没有问题，不需要做出任何改变，以及暗示我们这些所谓的善意提醒的“不合理性”。

1. 变胖的Henry

有次吃饭，我听到两位同事的对话。

Frank对Henry说：“我发现你最近越来越胖了，记得你上次体检查出的因为肥胖引起的疾病隐患挺多的，医生不是建议你要减肥吗？”

“哎，你不知道呀，我老婆坐月子，丈母娘做了一大堆吃的，她吃不了多少，总不能浪费吧，剩下的都让我吃了，能不胖吗？”Henry立马做出解释，试图说明Frank感受到的这种负面状态的合理性。

Frank说：“哦，这样啊，怪不得你变胖了呢。”

“这可能还只是开始呢，不知咋的，我老婆最近越来越不爱吃饭，丈母娘做的饭菜又越来越丰盛，我看我还会接着变胖的。”Henry不但进一步强调了自己的负面状态的合理性，而且还为自己不愿意为此做出任何努力找到一个理由。

Frank说：“哈哈哈，对哦……”

Henry还不罢休：“哎呀，男人啊，结了婚以后胖一圈，伺候月子再胖一圈是很正常的。”他继续为自己的状态寻找“合理解释”。

Frank说：“也是哦，呵呵……”

这个话题就此结束，在这一段没有价值的对话中，Frank没有改变Henry，Henry也没有受到Frank的任何影响。

后来，Henry果然如自己所说越来越胖。这一年的体检，医生再次对Henry亮出了“红灯”，Frank看到也只是默默地走开了。

2. 无助的Lisa

我曾经有位同事Lisa，经常在完成一个方案之后喜欢问别人的意见，这其实是一个好习惯。不过，她问意见的方式是这样的。

Lisa：“Ruby，有空吗？帮我看一下我新做的这个活动策划方案怎么样，好吗？你比较有经验，希望你能给我提提意见。”

Ruby：“好的，我觉得方案的这个部分你可以考虑修改一下，你可以试试……”

“这个啊，你不知道，我这么做是因为……我的想法是……这样做的好处是……”Lisa怕Ruby不了解情况，赶忙解释。

Ruby：“这样啊，那好，我觉得那个部分你可以考虑用另一种方式，你可以试试……”

“你说那个啊，我那样做是因为……我的想法是……那样做的好处是……而且那样做还有另外一个作用是……”Lisa又给了Ruby一个长篇的解释。

Ruby：“这样啊，好……”

Lisa接着问：“你再看看还有没有其他的问题，再帮我提提意见。”

Ruby：“哦，没有了，我就发现了这两处。”

这个对话就此结束，Ruby没有改变Lisa，Lisa也没有受到Ruby的任何影响。

后来，Lisa跟别人说：“我这个方案当初要是听Ruby的那个修改意见就好了，没想到老总跟Ruby的想法一样。”

不过巧的是，以后每次Lisa找Ruby看方案时，Ruby总是很忙，抽不出时间来看她的方案。

3. 高考失利的张同学

记得我上高中的时候，高考之前的模拟考试非常频繁，最频繁的时候能达到一个月两次。那时候班上有些同学很不稳定，有时候考得好，有时候考得不好。

有一位张同学的态度和行为很有意思。当他考试成绩好的时候，他通常不会特别说什么，他觉得这是他真实水平的体现；当他考试成绩不好时，他会抱怨考试题很不合理、太偏门、没有代表性，或者老师批卷子时主观题的评分不合理等。

张同学天资聪明，班主任认为以他的能力考入985名校理应没有问题。张同学对自己成绩忽上忽下的情况反馈出的思维模式令班主任非常头疼。为此，班主任多次找张同学谈话，期望能改变他对这件事的认识。

可张同学最终还是不以为然，他始终认为自己不需要做什么，成绩时好时坏本来就是一件很正常的事，继续做自己就可以了。渐渐地，班主任也不再找他谈话了。

后来，这位张同学高考失利了。这一次，他没有像平常那样抱怨不已，而是默默地选择了复读一年。有意思的是复读这一年，带他的还是原来的班主任。我不知道这一年发生了什么，只知道，张同学顺利地考入了一所985名校。毕业后，在许多人羡慕的目光中在国内排前三的大型互联网公司的技术部门做编程工程师。最近我听见过他的高中同学说，他工作后变得非常成熟稳重，早已不像高中时期那么愤世嫉俗，活在自己的世界中了。

美国曾有一个心理试验，研究人员把一群人分成了两拨，一拨全部是白人，一拨全部是黑人。通过笔试问卷和类似结构化面试的方式，问这些黑人在某些情况下，他们会怎么做。然后他们把笔试问卷的结果和面试的录音给这些白人，让他们评价这些黑人的想法和观点。最后他们再把这些白人对黑人的评价结果告诉黑人。

结果发现，当白人对黑人做出负面的、消极的评价的时候，许多黑人的自尊心不会因此而受挫。因为他们认为，白人会做出这样的评价是因为他们对评价对象是有“偏见”的。这些黑人认为，因为这种“偏见”的存在，他们根本不需要理会白人的这些评价，所以他们不需要做出任何改变。

后来，当这些黑人知道实际上这个试验中评价他们的所有白人，都不知道他们要评价的人是黑人的时候，这些黑人感到非常惭愧。

人们都会有自我防御心理，为了保护自己的自尊和自我价值不受影响，人们会下意识地“欺骗”自己，认为别人对我们有意见是因为别人不懂我们、有偏见或者不了解情况等。总之，我们会找到一个角度给予“负面归因”，结论就是别人对我们的评价不对、不客观、失真，我们自己认为的自己才是对的、客观的、真实的。

负面归因很容易让我们听不进别人的意见，坚持自己的观点，它每天、每时、每刻都在影响我们做理性的判断。其实，当别人想给我们提个醒的时候，我们何必那么紧张？脱掉内心的盔甲，认真听一听别人的意

见，又有何妨？站在另一个角度，客观地审视一下自己再回应对方，不是更好吗？

图4.4

人们总是下意识地觉得别人有问题。其实别人一定是有问题的，但别人有问题不影响我们自己的问题。不喜欢别人否定和挑剔自己的背后有着这样一个霸道的逻辑：你只能喜欢我，不能否定我；你只能对我温柔，不能对我挑剔。在沟通中，人们会首先在心中建立这种逻辑，这阻碍了沟通时双方关系的能量流通。

我们接受不了别人对我们的否定和指责，也是因为我们先对自己做出了很多否定。假如某人能够承载的否定值是100，他先对自己做了80，那就只给别人留了20的空间，他也就只能承受20的否定。当否定值在这个范围内时，他通常不会在意，如果多了，他可能就要抓狂了。如果他对自己做了100，那他就受不了别人一点点的否定和指责。如果他对自己做了120呢？他可能就抑郁了，需要从别人那里索取20的认可，才感觉能正常地活下去。

所以，所谓的感觉很受伤到底是因为对方说话太狠，还是因为自己的承受力太低呢？一头驴感觉很累，因为它每天都驮着满负荷的重量行走。这时一根稻草不小心落到了驴的身上，驴不幸崩溃死亡。杀死驴的，究竟是稻草还是驴自己呢？

图4.5

4.3 我们对自己有多大的偏见

当事件进展顺利的时候，人们往往会偏向于认为这是自己的功劳或者自己的功劳最大；而当一件事情进展不顺利的时候，人们通常会寻找外部的原因，逃避责任。生活和工作中这类例子不胜枚举。

1. George的离职

我以前工作的公司有一个设计部门，加上部门负责人一共有8个人，George也是其中一员。他在这个部门工作了6年，平时工作比较努力，现在已经是部门内技术最高、设计最熟练、输出内容最多的人了。

但是，George有个缺点，就是把金钱看得太重，而且永远不满足。他的工资在6年内涨了7次，现在在部门内已经是除了负责人William之外的最高值了。

在平时同事间的聊天中，George时常会抱怨自己是设计部门的“核心”，是顶梁柱，公司不能没有他，没有他以后设计部门会停转，公司会没有办法开展业务，但是公司给他的工资太少了，至少应该是现在的2倍。

后来，George果然提出离职，原因是工资没有达到自己的预期。William为了留住他，只能向公司申请给他涨工资。这样，他的工资又提高了15%。

5个月后，George再度提出离职，原因还是工资没有达到自己的预期。这一次，William感到George做得有些过分。深入了解情况后，他发现George并没有被别的公司挖角，也没有找好其他的工作，纯粹是想拿离职来威胁公司，希望公司再次给他调薪。

William考虑到这家公司已经是当地非常具有规模和品牌影响力的公司，George现在的薪酬也已经几乎达到了当地同行业、同岗位薪酬水平的最高值，他没有理由离职，也没有理由再提调薪的要求。于是这一次，William告知George，希望他不要离职，并委婉地表达了不会再给他做薪酬调整。

没想到的是，George竟然真的离职了，非常潇洒和干脆。走时，他向同事预言没有他以后，这个部门会瘫痪。他没有着急找工作，想给自己放个假，玩几个月。他盘算着，在这几个月里，这个部门没法运转，公司看他没有找工作还会找他回来并答应他调薪的要求。

结果是，这个部门非但没有瘫痪，而且运营得比以前更好。原来这个部门的其他人在George在职的时候没有练手的机会。因为George是老手而且能力强，William会习惯性地把重要的、复杂的、对能力要求高的项目全部给他来做，所以这类项目主体的设计思路几乎全部是由George完成的，其他人做的大多是简单的、重复的事务性工作，或者是给George打下手。

George是孤狼型的人，团队意识比较弱，他接手的项目几乎全是他一个人在设计，别人插不上手。后来George的工作被分给了三个人，这三个人经常会互相讨论，遇到他们解决不了的问题，他们还会在整个部门内部讨论，部门内部解决不了的问题，会向外部的专家咨询。这样，反而在部门内部形成了一种相互协作、攻坚克难、共同钻研、共同提高的工作氛围。

3年过去了，我听说George换了好多次工作，现在在一个中小企业里上班，拿着不足原来一半的工资。

社会心理学认为人们在解释事件结果的时候，普遍拥有一种叫作“自我服务偏见”的心理，意思是人们对自己是有“偏见”的。是什么样的偏见呢？

人们很容易认为自己的优势是全天下独一无二的、非比寻常的，是别人望尘莫及无法取代的；人们也很容易认为自己的劣势是全人类都具有的，是无法避免的，是没那么重要的。人们很喜欢通过这种心理安慰来放大自己的优势，缩小自己的劣势，以获得内心的满足感。

不管你把优点看得多巨大　把缺点看得多渺小
你始终不是完美的

图4.6

2. Andy的培训评估

我曾经有位做培训的朋友Andy，培训做得比较专业，经常得到她公司老总的夸赞。后来她的老总参加外部培训时，听到了一个关于培训评估的理论，感到很受启发。

这位老总回公司后，找到Andy说："你要加强培训评估啊，我们搞了这么多培训，占用了这么多人力、物力，花了这么多钱，效果怎么样，你要让我看到呀。"

Andy说："我们每期培训都会有培训师对学员进行评价打分、学员对培训效果进行评价打分以及培训师对学员回到工作岗位的行为进行跟踪评估，您说的培训评估指的是哪一块呢？"

老总说："就是你组织的每场培训给公司带来的收益是多少，创造的价值是多少？要有量化的财务数据。我以前太关注你做了多少场培训，培训了多少人，我现在想多关注一下你的成果。我要从财务角度，考核培训的投入和产出。"

于是，Andy向财务部门索要数据，找下属疯狂做表，终于在很短的时间内搞出了一个关于某业务部门培训后业绩增长情况的报告给了老总。老总看过后非常满意，在大会、小会上表扬Andy的成绩。

可是，这引起了该业务部门的负责人Diana的不满，Diana认为，现在是自己部门业绩增长，怎么好像成了Andy的功劳？这个成绩的得来完全是因为自己英明正确的领导，跟一个搞培训的能有多大关系？

不仅是Diana，该部门的上一级供应部门负责人Emily对此也颇有异议。Emily认为，这个部门的业绩提升主要是因为她们部门在供应产品的价格上做了大量努力，使得供货成本大大降低，跟Andy的培训和Diana的领导关系都不大。

事情闹到了老总那里，老总很不高兴，但说出去的话如同泼出去的水，老总再不高兴也只能打掉了牙往肚子里咽。

不久之后，该业务部门又做了一次培训，这次培训后Andy又做了一次培训评估，结果该业务部门培训后业绩反而降低了。这一次，老总把Andy、Diana、Emily三人叫到办公室，责怪她们工作没有做到位。

Diana急忙解释："业绩不行还不是因为培训不到位，以后还要加强培训。另外，Emily给我们的供货价格也太高了，得想办法降一降。"

Andy也不示弱："培训不是特效药，培训能带来的主要是提升技能、获得知识和加强意识，一般不会马上体现在业绩上。"

Emily赶忙撇清："现在原材料涨价，整个市场都这样，在我们的努力下供货成本也只比以前增长了1%，但Diana的业绩下降了10%，主要原因还不是销量不好，跟我们有什么关系？"

老总听完她们之间的一番互相指责后，非常严厉地骂了她们一顿，让她们回去做好各自的工作。

人们很喜欢将成功的事情做内部归因，而把失败的事情做外部归因。这样的话，内心的自我价值和认同感都会得到提升。

不论是对自身优势的过分放大，还是对自身劣势的过分缩小；不论是对成功事件的内部归因，还是对失败事件的外部归因，都源于人们内心严重的自我服务偏见，这种偏见让我们眼中的自己总是比现实中的要好一点。人们对自己的偏见越大，认为的自己就会离现实越远。

互联网的飞速发展让我们对自我的感觉离真实的自己越来越远，人们“伪装”自己的能力在快速提升，比如“美图秀秀”可以轻而易举地将我们自己的脸变成“别人”的。在朋友圈里，我看到许多张似曾相识的脸，他们一律细皮嫩肉，他们纷纷返老还童。

这有积极的一面，人们似乎比以前更加自信了；但令人略感不安的是，人们似乎自己也不认识自己了，就好像猫照镜子，却发现自己是一只老虎。

用了“美颜”之后
我成了世界上最美的人

图4.7

小提示：最不了解自己的人总认为自己最了不起。一个人就算饱读诗书，但如果不能了解自己、把控自己，就称不上是一个有智慧的人。要了解自己，就要勤于自我对话，认清我是谁，我是怎样的一个人，我要到哪里去，我要如何达到目的。认识自身的缺点，是一个人拥有最高智慧的表现。

4.4　多少人在用阿Q精神骗自己

阿Q精神从来就没有消失过，它最主要的特点就是精神自慰。“阿Q

们”盲目乐观，消极处事，不想通过现实的奋斗来实现成功，只想享受精神上的假想和虚妄的胜利。这种负面的精神胜利法只会麻痹人的斗志，为苟且偷生提供心安理得的借口。

1. 对自己很“满意”的邻家男孩

我邻居家有个小男孩，刚读高中，全班一共60人，他的考试成绩基本稳定地排在50名左右。有一年过年时，他母亲来找我寻求帮助。我说：“我高中课程早已忘光，怕是辅导不了他。”这位母亲说：“没关系，不是想让你辅导，我这个孩子不笨，你帮我开导开导他吧，他不听我们的话，但我觉得他很可能会听你的。”时间算充裕，我就答应了下来。

跟男孩聊天时，我发现他不仅不笨，反而应该算是非常聪明。为什么成绩差？因为他喜欢玩游戏，多次和同学组队去山东青岛、济南参加比赛，不过比赛成绩平平。在职业玩家面前，他也算不上高手。

当我跟他聊起学业时，他会嘲笑那些学习好的学生都是书呆子，说他们游戏打得很烂，跟他一块玩游戏的时候反应慢、意识差，根本比不上他。

当我跟他聊起游戏时，他会嘲笑那些职业玩家都是从早到晚地玩，一天至少有12个小时坐着不动而且精神高度紧张，很多人颈椎已经出了问题，而且很多所谓的职业玩家其实生活得都很惨。

当我跟他聊起他的母亲对他的现状不满意时，他说别人家的孩子还不如他呢，他只不过是成绩差，他的同学有抽烟喝酒成瘾的、有离家出走的、有打架或偷盗被公安局带走的。

多么有趣，不论我跟这个男孩聊什么，他都不会表现出消极情绪。他的逻辑是：

跟学习好的人比，我游戏玩得好，我强啊；

跟职业玩家比，我健康，我强啊；

跟别的孩子比，有比我差的，我强啊。

所以，他可以通过这种良好的自我调节，乐观、开朗、健康地“茁壮”成长。

我想我应该帮不了这位母亲，于是跟她说了我的想法，希望她再找别人试试。后来，这个男孩高考只考了200多分（满分750分），去了一所民营私立的专科学校，毕业后找了几份工作都不合适，现在已经“啃老”一年了。

图4.8

2.“优秀”的培训师小贾

我们公司每年年终都会做员工的绩效评估，把员工分为ABCD四种等级，A是最优，D是最差。被评为D的员工，公司通常会考虑将其调岗或淘汰。培训师小贾已经连续两年被评为D，于是我找他做绩效面谈，想听一听他的想法。

结果当我跟他谈起绩效评估结果时，他认为自己课讲得很好，学员反映很不错，自己没有问题，评估结果只是参考值，我不应该采纳，也不应该太认真。

当我跟他谈起他授课学员的满意度偏低时，他说这个满意度也存在学员乱打分的情况，不可以全信。他认为他在课堂上与学员互动得非常好。

当我跟他谈起培训师应有的岗位胜任能力与他现有能力的匹配问题时，他说他只在课程开发、人际沟通、培训评估这三项上存在缺陷，他的精力都放在怎么做好拓展游戏上了，他拓展游戏做得很好。

有没有发现他的逻辑跟那个邻居家的男孩很相似？他们的思维像极了鲁迅笔下的阿Q。这类人永远喜欢往下比，永远会很满足，永远觉得自己没问题。他们经常想：“我这里有缺陷，没关系，跟某某比，我在另一个方面还比他好呢，所以根本不算问题。”因为没有问题，所以不需要改变；因为不需要改变，所以许多年后，别人通过努力成了自己想成为的那个人，而他还是他，依然是他，永远是他。

按照这个逻辑，这类人甚至可以推导出他们比李开复强，可能仅仅因为他们厨艺比李开复好；他们比马云强，可能仅仅因为他们游泳比马云好；他们比世界上任何一个人都强，这仅仅需要他们在任意一个方面比别人强就够了。

有些人拿“短板理论已经不适合现在这个社会”作为容忍自己技不如人的借口，他们认为互联网社会就是要扬长避短，有缺点根本不必在意。我认可短板理论在不同情况下的适用性不同，但这种阿Q精神与短板理论无关。

阿Q精神是拿自己在某一领域处于优势的部分和别人在这个领域处于的劣势的部分比较，让自己自我感觉良好，其实这是人类大脑的自我安慰策略。原理是当自我价值受到威胁的时候，为了让自己的自尊水平不会降低，我们会进行一种叫作“下行比较”的动作，最后得到“比上不足、比下有余”的结论。而所谓的“短板理论不适合”的前提通常是：长板足够长，形成了明显的竞争优势，短板的短不会影响到长板的竞争优势或者会被其他合作方补足。

有些人把乐观和阿Q精神混为一谈。虽然乐观和阿Q精神的主要目的都是将失败带来的负面效应减到最小，与自欺欺人有些相似，但它们的本质不同。它们在引导未来的作用表现上有所不同，前者大多是向上的，而后者大多是向下的。

乐观是：今天考试没考好，是因为我不如别人努力，我继续认真努力之后会考好的。阿Q精神是：今天考试没考好，不过没事，还有那么多人比我差呢，我还不错，就这样挺好。乐观不一定会带来进步，但阿Q精神一定不会带来进步。

“阿Q们”在这个社会中一直都存在。他们永远能找到一个角度往下比，永远很满足地活在自己的世界里，永远不愿承认自己的软弱和懒惰，永远不愿意付出努力，永远在用阿Q式的思维逻辑来抹杀自己曾有过的那一丝梦想和追求。

他们没钱，说钱多了还要防盗，不省心；他们英语很烂，说自己爱国；他们的钱被偷了，说这钱就当是给贼人买药了；他们工作能力不如别人，说能者多劳，自己乐得清闲；他们做事失败了，说自己以前成功过好多回。

其实，我无意讽刺阿Q式的心智模式。因为生活中，确实还存在为数不少的弱势群体，还存在弱肉强食的不争现实，阿Q精神有时候是弱势群体的无奈选择，否则他们的生活中将没有一丝光明，他们将没有生活下去的勇气和决心。

当步行在都市街头，望着满街的高楼大厦却没有一个属于自己的“蜗居”时，不学阿Q又能怎样？所以，阿Q的“子孙”不会消失，而且会一直存在，因为众多的弱势群体还要乐观地生活下去！

总有一部分不思进取、故步自封、甘愿为人后的人来组成这个社会的底层，他们乐于成为阿Q，需要成为阿Q，你永远也叫不醒这部分装睡的人；有一部分人会保持一定的清醒，他们能通过自我调节，时刻警醒自己保持在非阿Q状态；还有一部分人，他们拥有目标却暂时迷失，愿意努力却暂时迷茫，不甘平庸却暂时迷惑，也许能够被唤醒的，正是这部分人。

阿Q还是非阿Q？选择权在我们自己手中。

4.5 什么是好，什么是不好

几乎所有人都希望别人能在给自己的标签前加一个“好”字，比如，好父母、好妻子、好丈夫、好邻居……可是，“好”的标准到底是什么呢？

有人认为好父母的标准就是不惩罚孩子；有人则认为好父母应该赏罚分明，孩子就应该管教，棍棒之下出孝子。有人认为好父母应该多花点时间陪自己的孩子，就好像在树成长的时候给它套一个圈，防止它长歪，孩子有了家长的陪伴才能更好地成长；也有人认为好父母应该多把时间花在工作或事业上，给孩子树立一个人生的标杆、一个勤劳的榜样，孩子将来要在社会上立足，未来也要成为别人的父母，所以要提早让他明白一些道理。

有人认为好妻子就是大门不出二门不迈，在家做相夫教子的全职贤内助；有人则认为好妻子应该是上得厅堂下得厨房，有一定事业基础，不需要男人养活的独立女性。有人认为好丈夫应该每天下班按时回家，不抽

烟、不喝酒，安安稳稳地照顾家人；有人则认为男人晚上回家越早越没出息，有应酬才说明男人交际面广、社会地位高，未来才会给家庭带来更多的经济收入，这才是好丈夫的标准。

人们总是倾向于朝着有利于自己的方向去“扭曲”事情的含义，其实对于好父母、好妻子、好丈夫根本就没有明确的标准。即便如此，几乎所有人都会认为自己是“好”的。

1. 什么是“好”的绩效考核指标

Carlos是一位刚工作不久的HR，有一次他找我，说他们公司想做绩效考核，现在卡在了绩效指标的确定上。

他已经提前跟公司的老总沟通确认过所有的绩效指标，老总比较认可他定的绩效指标。可当他跟被考核人沟通的时候，许多被考核人跟他说这个指标你考核我不合理，那个指标你考核我不合适，总之，你给我定的这些指标不好，你应该考核我……一头是老总，一头是被考核人，他们做HR的夹在中间，两头都不敢得罪，于是他问我在这种情况下他该怎么办。

我问Carlos：“你认为好的绩效指标应该是上下级都同意并达成一致的吗？”

Carlos说：“哎，其实我本来也不这么想，只不过我们公司的氛围就是这样，喜欢听大家伙的意见，没办法呀……”

我说：“一般关于绩效指标的确定，技术上的做法是要民主，但是不能真民主，可以让大家多提意见来补充现有的指标，但最后指标的确定一定来源于顶层设计，而不是被考核人。因为人们总喜欢朝着对自己有利的方向做自我判定，问本人意见，不是羊入虎口？就算考核了也没有用。”

Carlos说：“不过，我们公司老总似乎不这么想。”

我说：“我觉得你们老总不是真的不这么想，如果真的不这么想，他当初就不会先和你确定指标了，他会让你直接去问被考核人。他跟你确定了指标，又让你去商量，是因为他想当好人，不愿出面得罪人，所以把这个压力推给你。你觉得他会愿意自己确定的指标被修改吗？”

Carlos说：“嗯，很有道理哈，那我该怎么办呢？”

我说：“具体的做法你视情况定吧，我提供一种参考方法，把老总已经定完的指标给到各部门，然后明确告诉他们这是老总定的，请他们补充或提意见。”

后来，他这么做以后，果然在绩效指标的确定上没有出问题。

2. 变来变去的“好”下属

Fiona是一位女强人，20岁时跟着公司一起创业，今年已经60多岁，几乎每天还保持着上班第一个到、下班最后一个走的习惯。Fiona的行为风格极为强势，从来都是雷厉风行、说一不二，同时脾气也很大，很像《穿普拉达的女王》（*The Devil Wears Prada*）中的米兰达。

已经有无数个助理和部门总监因受不了Fiona的性格而离职。公司上下都非常怕她，大家看到她都会绕道走，唯恐躲之不及。

Fiona的“难伺候”还来源于她有一个变来变去的行为模式，让人难以捉摸。有一次，人力资源部给她招聘了一位下属经理，Morgan。入职3个月后，Fiona觉得Morgan不错，于是那段时间她经常会在公司所有人面前夸赞Morgan工作勤奋刻苦，特别是执行力非常强，让Morgan办某事，前一任经理一般得一周才能完成，他2天就办完了，速度快而且质量好。有意思的是，有一次Fiona在大家面前骂Morgan：“我说你啊，别光知道执行，执行的时候动动脑子！你要灵活一点，别那么死板！这个事我才刚说完你就办了，你不能先自己判断一下再办啊？”

不久后，这位Morgan经理离职了。

“好”的定义究竟是什么？其实，我们认为的好就是好，我们认为的不好就是不好；有利于我们的就是好，不利于我们的就是不好；此刻顺应我们的就是好，彼时不顺应我们的就是不好。所以，“好”是一件多么主观的事，“好”是一件多么不靠谱的事，“好”是一件多么个人主义的事。

这其实很容易理解，可人们总喜欢拿好与不好来为自己和别人做道德评判、结论推演或价值判断。人们总喜欢把自己想得比实际的自己好。“好”就好像是一个孕育幻觉和想象的温室，总能让人们看到自己想看到的画面，让人们活在这样的世界里不愿意走出来。

要活在自己的世界里其实很简单 捂住眼睛就可以了

图4.9

当我们判断一件事情时，要么全部内部归因，要么全部外部归因，很少有人能全面地想到这两个方向。比如，某人受到上级领导的责怪，他通常会有两种想法：一种是上级领导完全是针对我；另一种是上级领导责怪得非常对，全是因为我的问题。

生活中我们非常喜欢通过结果论来评判事物的好与坏。某任务原本经过逻辑A或逻辑B都能够完成，当使用逻辑A时，任务顺利完成了。此时，逻辑A被贴上了“好”的标签，而逻辑B，则不会被贴上“好”的标签。

没有人能告诉我们“好”的定义究竟是什么，因为每个人看待“好”的方式都不一样。但如果能更加理智和清醒地看待世间一切的“好”与“不好”，我们可能会发现我们的工作、生活、学习都会变得不一样。

曾仕强先生提出过有关一分法、二分法和三分法思维的论述。人们特别喜欢用一分法思维和二分法思维看世界。

什么是一分法思维？比如，我非常崇拜A这个人，A说向东走，我就跟着向东走，A突然说现在改向西走，我就跟着向西走。A就是好的，就是对的，我完全听A的话。但是，我非常讨厌B这个人，B说向东走，肯定是不对的，我就偏不向东走。B说向西走，我本来是向西走的，但是因为他肯定是不对的，所以我就改变路线，坚决不向西走。

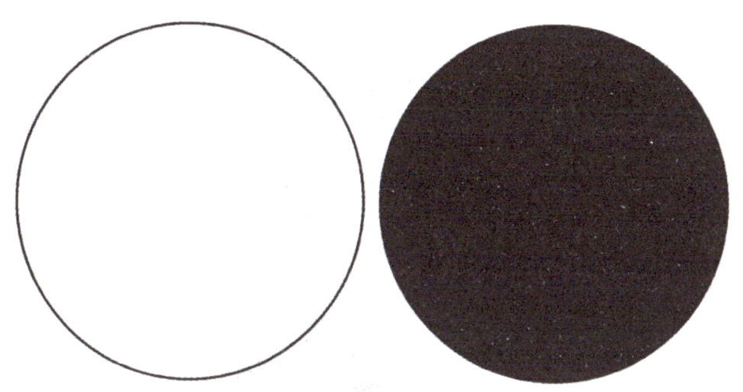

图4.10 一分法思维的样子

如果用二维图形来表示，这种思维方式就如同一个空白的圆圈，这个圆圈要么全部被白色填满，要么全部被黑色填满，即要么全对，要么全错；要么什么都可以，要么什么都不可以；要么什么都好；要么什么都不好。如果用三维空间来表示，这种思维就像一条“线”，即一根筋。一分法思维的好处是决策效率很高，但其明显有缺乏思考的盲目性。

什么是二分法思维？比如，我非常崇拜A，A说向东走，我思考判断一下，他说得对，我就跟他走，说得不对，我就不跟他走。我非常讨厌B，他说得对，我就跟他走，说得不对，我就不跟他走。

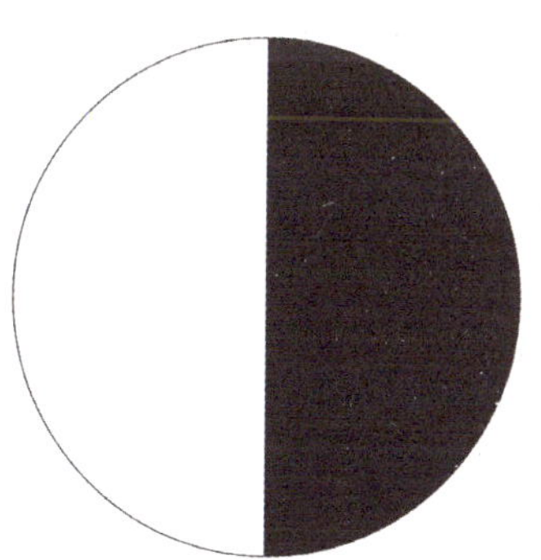

图4.11 二分法思维的样子

如果用二维图形来表示，这种思维方式如同一个被一条直线平均切开的圆圈，分成了左右两边，一边是白色，一边是黑色，即不是生，就是死；不是对，就是错；不是好，就是坏。拥有这种思维的人对于任何事情，都会有自己的判断。如果用三维空间来表示，二分法思维就像一个“面”，有正面，有反面。要么“yes”，要么“no”，感觉上似乎很清晰，但其实同样呆板。这种非此即彼的思维方式，使人们表现得是非

分明。

还有一种思维方式，叫三分法思维。什么意思？比如，我非常崇拜A，A说向东走，我会想向东走对吗？也对也不对，不一定，说不清，要看情况。我非常讨厌B，B说向西走，我又会想向西走就对吗？也不一定，要看情况，有时候对，有时候不对，有时候既对也不对。

图4.12　三分法思维的样子

如果用二维图形来表示，这种思维方式就如同中国的八卦图，白中有一点黑，黑中有一点白，可以随时转动，变化无穷。如果用三维空间来表示，三分法思维就像一个“体”，上下左右、前前后后充满了全部的三维空间。拥有这种思维的人听到一件事情，既不会相信，也不会不相信；他们不随便相信，也不随便不相信；他们好像相信，又好像并不相信。看起来他们是非不明，实际是慎断是非。

简单地说，一分法思维是“是或否仅取其一”，二分法思维是“非是即否两种选择”，三分法思维包含“既是又否”“非是非否”“有时是，有时否”等多种变化。

举个例子来说明这三种思维方式的不同。

某士兵与自己的长官在一个悬崖前训练正步走，长官在下达“正步走”的命令之后，就到一旁背对着他打电话了。当这位士兵马上就要走到悬崖边上时，这位长官还在打电话，没有注意到他。没有来自长官“立定”的指令，这位士兵该怎么办呢？

如果这位士兵是一分法思维，那么他可能会继续走直至掉下悬崖。他这么做的原因很单纯，就是要绝对服从长官的命令，长官没有让停绝对不能停。停下了，就是违反长官的命令！

如果这位士兵是二分法思维，那么他可能会走到悬崖边上停下。因为他会考虑，长官没有告诉他停下，但那是因为长官在打电话忘记自己了。虽然他擅自停下是不遵守长官的指令，但是在这件事上服从是不对的，和自己的生命比起来，就算是违反长官的命令也没有关系！

如果这位士兵是三分法思维，那么他可能会在悬崖边上原地踏步。他会考虑，虽然长官没有让他停下，但是自己的生命也很宝贵，总不能傻乎乎地掉下悬崖结束生命吧？况且长官只是因为打电话忘了他而已，总不可能真的想让自己死吧？可是如果停下来了，长官打完电话之后，看到自己擅自停下，岂不是违反了军纪？虽然命保住了，但长官很有可能会不高兴。又要服从长官，又要保命，怎么办呢？那就原地踏步呗！

这位拥有三分法思维的士兵会一直想：我违反长官的命令了吗？没有啊，我没有停啊，长官让我正步走，但是前面没有路了，我怎么走啊？踏步走呗。我一点也没有违反长官的命令吗？也不是啊，长官的原话是“正步走”，不是“踏步走”啊，如果长官是一个一分法思维且喜欢较真的人的话，那踏步走似乎也不对呢。

图4.13

如果您是那位长官，这三种士兵，您喜欢哪一种呢？三分法思维的这

位士兵的做法是对还是错，是好还是不好呢？

4.6 人可以成为自己想成为的那个人

我的意思当然不是有人想成为科幻电影里超能力者，他就能成为那样一个人；也不是像一些成功学告诉我们的，有人想成为美国总统或者世界首富，只要努力就会实现。我的意思是：在特定的条件下，人的性格特质和行为偏向是可以跟他想成为的那个人一样的。

我曾做过一个有趣的试验。

当时我在给公司的某位领导招聘助理，岗位信息发布后，一周内收到了100多份简历，经过筛选，最后我挑了20人来面试。面试时，我故意问了每个人两个同样的问题。

第一个问题是："我们这个岗位需要性格内向的人，您认为自己是性格内向的人还是性格外向的人？"

第二个问题是："请您具体说出至少3个自己是内向型性格的例子。"

了解面试技巧的人应该知道，一般的面试官不会问第一个问题，面试官一般是通过过程中候选人表现出来的特质来判断其性格，而非直接问。

我为什么要这么问呢？

因为这位领导对这个岗位的人选有两项比较核心的要求：

（1）要阳光、活泼、开朗，可以简单理解为要偏外向型性格的人。

（2）要人品好，讲诚信。

我突发奇想，想用这两个问题来考察候选人是否具有这两项核心要求。如果候选人是性格外向的、诚实的，他应该告诉我："不好意思，我是偏外向型性格，但是我认为自己可以胜任这个岗位，希望你能给我一个机会展示自己。"

如果有人这么说的话，说明他至少还具备其他三个特质：

（1）清晰的自我认知。他能认清而且肯定自己的性格特质，说明他是一个比较自知和清醒的人。

（2）诚实与勇敢的品质。他不会因为面试官说要内向型的人，就把自己说成内向型以欺骗面试官。

（3）自信以及敢于挑战权威。能这样说的人，说明他愿意尝试说服面试官，他认为这个岗位不一定如面试官所说的只适合内向型性格的人，他也有可能合适。给他一个机会，他可能会做得很好。

如果有这种人，别的方面没有大出入的话，我会马上录用他。

结果，在这20位候选人里，没有一个人是这么回答的。对于第一个问题，有17位候选人的回答是"我是个性格内向的人"；有3个人的回答是"我既内向又外向，但我是偏内向的人"。回答第二个问题时，所有人都能说出3个自己是内向型性格的例子。

难道是现在的社会盛产"宅男""宅女"？我的问题是在面试快结束时才提出的，所以我之前一直很认真地观察每位候选人的性格特质。我发现其实至少有一半人，明明有开朗、阳光、声音洪亮、语言表达流畅、不怯场等特质，怎么看也不像是内向型性格的人。但是当他们听到这两个问题的时候，他们的行为举止突然发生了变化，好像变了一个人似的。

不仅如此，他们在列举自己是内向型性格的例子时，所有人都说得很从容，故事也都很真实，很具说服性。那时候我的感受是，他们好像认为自己一点都没有外向型性格的特质，纯粹是内向型性格的人。

图4.14

这其实是一个有选择地提取、加工和反馈信息的过程，人们会通过欺

骗自己来不自觉地隐藏自己的某部分特质，再欺骗别人。人们会对那些对自己有利的、正面的、积极的信息进行思考和推敲，在大脑中提取自己需要的信息，然后通过潜意识告诉自己，自己就是这样的人，自己就是具备这个特质，而且还会自动地帮助自己寻找很多的证据。相反，如果是对自己不利的信息，人们就很容易遗忘。

我想这就是为什么我们平时教育孩子也好、管理员工也好，当我们表扬他的时候他很容易就记住了，因为他觉得我们表扬得对，自己就是具备我们所表扬的那个特质，而且在未来的行为中他也会刻意去附和这些特质；但是当我们批评他的时候，他经常很快就忘了，而且很容易下次还犯同样的错误。所以，我们会听到很多类似“我跟你说过多少次了……”这种话，然而就算是“说过多少次了”，最终还是无效。

如果员工最近老犯错误，相比于我们跟他说“你最近怎么那么不仔细”，就不如说“我一直觉得你是一个认真仔细的人，能告诉我最近是怎么回事吗”；如果我们的孩子学习成绩不好，相比于我们跟他说“你看别人家孩子，再看看你”，就不如说“我觉得你是你们班最聪明的孩子，你的排名应该很靠前才对，你觉得自己为什么会成绩不好呢”。

同样的道理也可以用在我们自己身上，正面的心理暗示往往比负面的心理暗示有效。时刻想象自己是一个善良的人、一个勤奋的人、一个诚实的人，慢慢地，你会相信自己就是这样的人。所以，人在性格特质和行为偏向上，是可以成为自己想成为的那个人的，就看我们自己有多想了。

图4.15

小提示：我们可以拿出纸笔，尝试写下以下两个简单问题的答案：

问题一：我究竟想成为什么样的人？

问题二：现在的我能为将来的我做些什么?

把自己当作五年后的自己来审视当下在做的事，确保自己每做一件事，都在一步一步接近理想中的自己。如果你想成为什么样的人，就下定决心像那个人一样去思考、感知及行动，最终我们会成为自己想成为的那个人。

第5章

我们是怎么被别人忽悠的

成功人士的传奇故事激励着我们，心灵鸡汤的励志文字鼓励着我们，铺天盖地的新鲜观点刺激着我们，全世界都在教我们怎么发财，怎么成功。听了那么多故事，“喝”了那么多“鸡汤”、报了那么多培训班，我们的人生因此改变了吗？如果没有，问题出在哪里呢？是我们不努力，是我们的“打开方式”不对，还是我们原本就被别人忽悠了？

图5.1

5.1 别人给我们喝的是鸡汤还是毒药

有的心灵鸡汤告诉我们：丑小鸭都能变成白天鹅，你看，只要努力，一切事情都会变好的！可事实是：丑小鸭能变成白天鹅，并不是因为它的努力，而是因为它的父母就是白天鹅，虽然一开始它长得怪了那么一点。

有的心灵鸡汤告诉我们：灰姑娘最终嫁给了王子，你看，只要坚持，一切梦想都会成真的！可事实是：灰姑娘确实嫁给了王子，但请大家不要忘记她是伯爵的女儿，虽然一开始她长得丑了那么一点。

有的心灵鸡汤告诉我们：上帝是公平的，他在给你关上一道门的同时，一定会为你打开一扇窗！可事实是：对于大部分人来说，有时候上帝给完他一个平平的外表，还会给他一个平平的智商和一个平平的才能，以免让他显得不协调。

如果我们想要喝一碗鸡汤，可以有两种做法：一种是杀鸡、拔毛、点火，花2个小时用小火慢慢熬出来；另一种是花十几元到“黑市”上买一瓶外号叫“一滴香”的食品添加剂，再加点热水兑出来。

如果同时把这两种鸡汤让我们喝下去，并比较味道，我们会发现有趣的是：真正熬出来的鸡汤淡而无味，而用食品添加剂兑出来的鸡汤不仅成本更低、效率更高、味道更鲜美，而且可以“十里飘香”，让我们的衣服上都留有它的味道。难怪小商贩们对它如此热衷。

我们都知道，这种叫“一滴香”的食品添加剂一般都是化学合成的，没有任何营养价值，它广泛地存在于各种街边小吃店中，长期食用可能会对人体健康有巨大危害。

如果有人要写一篇心灵鸡汤，也有两种写法：一种是花费大量的时间，提供充分的事实论证、严密的逻辑推理，配上有价值和带解决方案的内容；另一种是通过一个或几个被粉饰过的故事得出一种人生感悟，输出一些情感，最终快速地产生一些感性冲动的文字。

原本的心灵鸡汤是指那些充满知识、智慧和感情的话语。但在浮躁、复杂的传媒环境中，它渐渐被一些想要追求低成本、高效率的人改造成了“心灵毒药”，成了一种好喝却没有营养的精神鸦片，成了撰写者获得关注度及转发量的工具。它的内容变得没有实际意义，不能解决任何问题，不能给人带来任何营养价值，长期阅读，甚至会让人偏离正常的社会认知。

伪心灵鸡汤面对的群体，大都是那些迷茫、需要希望、心灵脆弱的社

会角色。当人们处在这种情绪阶段时，比任何时候都需要关怀和爱。他们的失落、迷茫和脆弱一定不是毫无缘由的，通常是因为在自己的工作或生活中遇到了问题。

当一个人遇到问题时，需要的是冷静与理性，有了这些我们才能直面问题、解决问题。而伪心灵鸡汤的目的不在于解决问题，而是让人换一个角度来看待问题，从而使人的负能量转换为正能量，这也正是这种毒药的荒谬所在。

下面这则实例是在一档网络节目上，一位中国当代非常知名的学者解答一个大学生的问题。

大学生问道："我和我女朋友毕业以后都留在了北京工作，我们没什么钱。我们买不起房子，就租了一个。我们的朋友挺多，老叫我们出去吃饭，后来我们就不好意思去了，老吃人家的饭，我们也没钱请人家吃饭。我的薪水很低，在北京我真是一无所有，你说我现在该如何是好？"

这位学者回答："第一，你有多少同学想要留在北京都没能留下，可是你留下了，你在北京有了一份正式的工作；第二，你有了一个能与你相濡以沫的女朋友；第三，那么多人请你吃饭，说明你人缘很好。你拥有这么多，凭什么说你自己一无所有呢？"

大学生："哎，你这么一说我突然间还挺高兴的。"

如果我们对这位学者的答案不假思索，便会像这个大学生一样，满心欢喜地全盘接受。她的答案看起来似乎有理有据，但如果我们仔细思考，便会发现：大学生阐述了自己的问题，诸如买不起房、没钱请人吃饭、薪水低，总结下来意思是自己在物质上一无所有，他要寻求的是怎样解决这个问题，而这位学者巧妙地绕过了他真正的问题，采用诡辩的方式回答了一些精神层面的东西。

这里最有趣的是这个大学生其实根本没有得到他真正想得到的答案，但他居然还会觉得这位学者回答得很好。这说明，当一个人情绪低落、需要情感寄托时，往往很容易被人牵着鼻子走，忘记了自己最初想要的东西是什么。

这就是为什么当一个人看完这种伪心灵鸡汤之后，感觉浑身充满力量、神清气爽，而过一段时间后，又烦恼起来。当他们打完这一针“特效激素药”之后，还是得面对那些“具体的”“真真切切的”问题，他们不可能永远活在自己幻想出来的世界中。一个人如果在刚步入社会的时候用这样的态度来对待每件事情，耽误的可能只是一两年，如果一直持续下去，耽误的将会是一辈子。

在刚才的这个问题上，这位学者显然应该告诉这个大学生怎样进行职业规划、理财规划、人生规划等，用这些方法帮助他攫取人生的第一桶金，解决他目前的财务问题。当然，这绝不是一两分钟、一两句话就能解决的问题。

也许有人会说：“这位学者既不是就业办的主任，也不是专业的理财规划师，她怎么能回答出来这个问题呢？”是的，对于自己原本回答不了的问题，正确的回答当然应该是“不知道”，而不是为了自己的面子，对别人进行错误的指导。

在这期节目的最后，这位学者来了一句神总结：“你说读书修行是为了什么呢？我想是为了让我们在当下，能够去转境，看见自己拥有的这些东西，让未来更好一点。”

多么“沁人心脾、温暖人心”的一句话？这位学者的意思是，我们读书学知识的目的不是“获取”，不是“增长”，而是“发现”我们现在拥有的东西。学会了“发现”现在拥有的，未来的生活就更美好了？这个神理论，已经不是用“一滴香”兑水了，简直就是直接给人喝“一滴香”。

在遇到危险时，鸵鸟会把头埋起来，把身体留在外面，以为自己看不见就是安全。其实这位学者就是在告诉我们，读书修行就是让我们学会怎样当好一只“鸵鸟”，怎样逃避现实、视若无睹、推卸责任、自欺欺人。而事实上鸵鸟的两条腿很长，跑得很快，遇到危险的时候，如果它不把头埋起来而是奔跑，其速度是可以摆脱敌人攻击的。

图5.2

我们读书学知识为的是学会认识问题、分析问题并且独立思考，进而解决问题，而不是逃避问题，更不是装疯卖傻、答非所问。如果学了知识不去面对问题，而是像这位学者这样，遇到问题就打一针“特效激素药”，那么请问，学了知识和没学知识又有什么两样呢？如果我们遇到问题不想方设法解决，而是讲究改变心境，那还学知识干吗？

现在很多伪心灵鸡汤的撰写者也不是完全对问题避而不谈，他们常常会先给我们讲一个故事，然后再用这个故事来阐述他们的道理。

比如，网络上就盛传这样一个故事。

富翁在海滨度假，见到一个正在捕鱼的渔夫。

富翁说：“我告诉你如何成为富翁和享受生活的真谛。”

渔夫说：“洗耳恭听。”

富翁说：“首先，你需要借钱买条船出海捕鱼，赚了钱后雇几个帮手增加产量，这样才能增加利润。”

“然后呢？”渔夫问。

“然后你可以买条大船，捕更多的鱼，赚更多的钱。”

“再然后呢？”

“再买几条船，搞一个捕捞公司，再投资一家水产品加工厂。”

“再然后呢？”

“然后把公司上市，用赚来的钱再去投资房地产，如此一来，你就会和我一样，成为亿万富翁了。”

“成为亿万富翁之后呢？”渔夫好像对这一结果没有足够的认识。

富翁略加思考说：“成为亿万富翁，你就可以像我一样到海滨度假，晒晒太阳，钓钓鱼，享受生活了。”

“噢，原来如此，”渔夫似有所悟，“那你不认为，我现在的生活就是你说的那些过程后的结果吗？”

那些爱喝伪心灵鸡汤的人看完这个故事以后还以为自己找到了生活的真谛，看到了事情的本源，悟出了生命的意义。他们发现：原来很多时候别人孜孜以求的，正是我们现在所拥有的，只是我们自己浑然不觉而已。所以，他们得出的结论是：何必还要苦苦追求功名利禄，过自己当下的生活就可以了。

事实上，伪心灵鸡汤的撰写者为了得出他的结论，会在刚好写到对他自己有利的位置时就马上停笔，不会再深入下去，所以我们看到他得出的感悟是站在渔夫这个狭隘的角度来看问题的。

如果我们跳出撰写者引导我们进入的思维圈子，站在富翁的角度来看同一个问题，那又会是另外一番景象。

对于富翁来说，他获得了财务自由，拥有了许多人不具备的选择生活的权利。今天他可以在海边晒太阳、钓鱼，明天他可以去骑马，后天他还可以去森林里打猎。这些事情对于渔夫、放牧者、猎人来说都是他们各自的职业，他们当然不会觉得稀奇，但对于富翁来说是新奇的。关键在于，他玩腻了之后，还可以选择其他的娱乐项目，他有这种自由去做出各种选择，尽情地享受生活。

渔夫却没有像富翁一样的自由，他没有那么大的财力来支持他选择和尝试自己没有做过又感兴趣的事情。他为了生计，只能终日守在沙滩上，每天重复着他的生活，终老至死。

我们如果这样理智和清醒地看问题，就会看清楚，那些喜欢制造伪心灵鸡汤的撰写者实际上讲究的不是客观、严谨、方法正确，而是怎样让自己的道理看起来正面、阳光。为了达到这个目的，很多正确的逻辑都已经

被他们隐去、避而不谈，他们会选择一些对他们自己有利的角度来阐述问题。

可是，为什么很多人会如此推崇这个故事呢？

很显然，这个渔夫隐喻了我们当代社会中的大部分人，他们为了生计，为了家庭，不得不每天工作在自己的岗位上，朝九晚五，就此了了一生。这个事实显然不是我们愿意看到的，也不是我们愿意接受的，大部分人显然也不愿意为改变这个事实而思考办法、付出努力。因为那太“难”了，需要花费大量的时间和精力，而且需要具备高于常人的能力和毅力。

相比之下，每天晚上回家打打游戏、看看电影、刷刷朋友圈是最“容易”的。这个时候，突然冒出来这样一个故事，真是让人解气啊！原来站在这个社会顶层的那些人，努力到最后也不过是跟我们一样。所以还努力什么，还追求什么？到最后还不都一样？这个故事最终不仅没有解决任何问题，还为很多人提供了不行动的借口，使人们逻辑错乱，放弃追求。这“美味”的心灵鸡汤背后，隐藏着的是一个多么可怕和消极的世界观！

心灵毒药腐蚀的是你的灵魂

图5.3

不可否认，勾兑出来的假鸡汤能起到一定的安慰作用，但这种安慰就好像是一剂止疼药，只能止疼不能治病。它本质上是在逃避现实、自我封闭，让个体活在自己的世界里。其实问题依然存在，没有解决。不想办法解决，问题只会越来越多。

有人说："凡事看开，世界就会更美好。"世界真的变得美好了吗？比如，对于雾霾等各种环境污染问题，我们看开了，内心得到修养了，灵魂得到升华了，它就不会对我们造成危害了吗？又如，对于非洲难民问题，他们看开了，就有粮食吃了吗？难道我们真的需要这样的精神胜利法来让自己快乐吗？

也许，我们真正需要的是每天起床后想一想今天要干什么，而不是只知道对着镜子说"我好帅"；我们真正需要的是每天睡觉前想一想今天我有什么做得不好，该怎么改进，而不是只知道跟自己说"明天会更好"；我们真正需要的是遇到问题后多花时间仔细想一想该怎么解决，而不是只知道跟自己说"要坚持"。只有这样，我们才能够变得敢于面对问题，善于分析问题，懂得解决问题。

而这些，绝不是那些不解决任何问题的伪心灵鸡汤能给我们的。

5.2　模仿别人真的能成功吗

在腾讯公司快速发展的过程中，关于模仿的话题一路伴随。有人说，腾讯一直在模仿，从没有停止；有人说，腾讯的发展史就是中国互联网创业的模仿史。随着腾讯的成功，许多人得出了一个结论：某事物火了，大家只要模仿它就能成功。于是在某领域扎堆创业、到某行业挤破头求职的人屡见不鲜。然而，他们中的大多数都以失败告终，因为他们只看到了腾讯的模仿，却没有看到模仿背后的"创新"。

前些年，我的一位朋友老李知道了老张去东北做某款手机的生意赚了将近100万元，于是他跑到东北千方百计地想挤进这款手机的代理商队伍。过了两年他终于美梦成真，成了代理商队伍中的一员，但这款手机却突然开始没落，销量很差。最后他不但没赚到钱，还赔得一塌糊涂。而这时的老张早就把代理权转让给别人，做起了其他生意。

后来老李听说老刘在深圳做山寨手机生意，一年能赚50万元，于是老李又辗转南下到了深圳，打拼了两年，终于摸到了些门道，开始做起了自己的山寨手机生意。没想到他刚做了半年就迎来了智能手机时代，各类国

产智能手机功能越来越强大、质量越来越好、价格也越来越低，根本不是山寨手机能比的，结果他又赔得一塌糊涂。而这时的老刘早就开始做智能手机生意了。

“倒霉”的老李只想着学别人怎么做事，却没想过学别人的眼光，跟在别人屁股后模仿来模仿去，最后却一无所获。

你永远不知道别人光鲜外表的背后是什么

图5.4

看一则消息：

2016年6月16日，滴滴出行（以下简称“滴滴”）官方宣布他们已完成45亿美元的股权融资，除了已公布的苹果公司、中国人寿、阿里巴巴及蚂蚁金服之外，腾讯、招商银行、软件银行集团等也参与其中。滴滴募资的材料显示，滴滴本轮融资投前估值为230亿美元，较半年前的165亿美元有大幅提升，以此计算，目前滴滴的投前估值可能高达275亿美元。

近些年，媒体从来不乏报道这种互联网公司融资、壮大、成功的案例。几乎每天都有创业者在分享他们的成功经验。社会上各种扶持创业的政策层出不穷，各类创业大赛持续不断，“创客空间”“孵化器”等创业平台日益增多。随着政策导向和舆论导向的发展，“创业”已经成为时下最热门的词汇之一。

越来越多的人视创业为时代的追求。越来越多的大学生、高校教师、院所研究员，以及程序员、打工者、返乡农民工投入其中。在创业大潮中，很多年轻的大学生和在职场失意的人选择跟风创业，他们特别喜欢看别人的成功案例，研究别人的成功经验，试图通过模仿别人来获得自己的成功。

创业者王可从2013年开始创办大学生求职教育的App，当时他得到了天使投资的帮助，但很快他的App因用户萎缩而关停了。他深深地意识到当前创业领域的跟随模仿之风是不可取的。他说："很多创业其实是泡沫，十之八九都要死掉，只有踏实地做实业才是真正的创业。"王可只是众多失败创业者中的一个，在创业这条路上，曾经比他辉煌的有很多，但最终也和他一样归于沉寂。

2014年，郭列和一个创业团队打造了一个叫作"脸萌"的App。"脸萌"是一款拼脸的应用，通过五官元素的拼接，用户可以快速制作出自己的个人漫画形象，然后分享到社交平台。"脸萌"在诞生半年之后一夜爆红，当时一举拿下了App Store下载排名首位的成绩。

之前类似"脸萌"这样的App创业公司也非常多，他们通常是在某个契机之下，通过某种传播手段突然引发了部分用户的狂热追捧。这就是"站在风口，猪也能飞起来"的现实写照。但是"猪"飞起来之后，怎么落地成了最大的问题。

这些创业公司在获取了一定数量的用户之后，也面临着内容缺乏持续的价值、用户黏性低等问题，最终都难逃昙花一现的结局。回首当年在各个领域红极一时的App和互联网公司，现在他们中的大多数已经"死亡"。活着的，有许多也是艰难度日。

90后创业者罗勇林曾写过一篇名为《90后大学生创业失败案例》的文章，在网上广为传播。他说自己在看了无数90后创业成功的故事后，非常羡慕"超级课程表"的创始人余佳文，也希望能像"脸萌"的郭列一样做一款产品，拿到千万投资，实现"一夜暴富"。但罗勇林最后失败的教训是：在浮躁的互联网浪潮下，不要为创业而创业，不要盲目模仿别人的成功。

像罗勇林这样因创业失败而放弃创业的人不在少数。据麦可思《中国大学生就业报告》数据显示，毕业半年后自主创业的应届本科毕业生，3年后有超过半数的人放弃创业。专栏作家吴俊宇说："悲哀的其实不是大

学时期就开始创业赚钱，而是‘创业’二字已经成了大学生‘一夜暴富’的心魔。”

这种心魔是怎么来的呢？它很大程度上来源于各种传播渠道中对名人成功故事的包装和渲染、各种成功学的心理暗示以及各种散布在互联网中的伪心灵鸡汤。但鸡汤也分好喝和不好喝。名人成功了，他原来是10，现在是50，中间经历了很多事情，下了不少功夫，做了许多艰难的抉择。这样的故事太复杂不具备传播性，不好看，不够励志，不够“鸡汤”。

什么样的故事好看呢？他原来是0.01，现在是1000，然后取一个网络爆文标志性的标题“成为亿万富翁，他只做对了一件事”。这件事可以是“坚持”、可以是“眼光”、可以是“人脉”。这种故事简单、深入人心、容易被接受。看完这种故事我们会觉得自己好像无所不能，似乎有一个声音在告诉我们：“只要模仿他的轨迹，像他一样做好那一件事，我们就能成功。”

创业成功的概率有多大？据美国《财富》杂志报道，美国中小企业平均寿命不到7年，大企业平均寿命不足40年。而在中国，民营企业的平均寿命是3.7年，中小企业的平均寿命仅2.5年，集团企业的平均寿命仅7～8年。美国每年倒闭的企业约10万家，而中国有100万家，是美国的10倍。不仅企业的生命周期短，而且能做强、做大的企业更是寥寥无几。2015年中国互联网创业成功的概率只有5%。

那么，不去看那些伪心灵鸡汤，去请教成功者或者听他们亲自分享自己成功故事的讲座，然后自己提炼关键点再模仿他们总可以吧？答案并不是肯定的，因为有时候，越模仿别人的成功，死得越快。

“二战”时，美国为了防止飞机被击落，开始研究要在飞机的什么部位安装加强装甲，才能降低飞机被击落的概率。他们发现从战场中返航的飞机的伤痕确实会呈现某种规律，有的部位中弹多，有的部位中弹少。为了提高飞机的防御力，很多人直觉上认为似乎应该在弹孔密集处安装加强装甲。

不过，有位名叫亚伯拉罕·沃尔德（Abraham Wald）的统计学家指出，与直觉恰恰相反，那些弹孔最稀疏的地方才是最需要保护的，因为那些真正被击中要害部位的飞机都飞不回来了，只有没被击中要害部位的飞机才有机会返航，并成为统计样本。而且他针对此事件的研究写了一篇题目为《一种根据幸存飞机损伤情况推测飞机要害部位的方法》（*A Method of Estimating Plane Vulnerability Based on Damage of Survivors*）的论文。

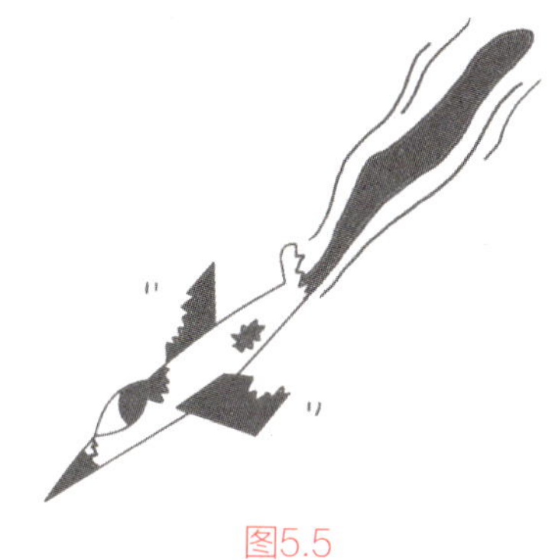

图5.5

这个原理后来被称为“幸存者偏差”。成功是小概率事件，什么是成功者？其实就是指那些“活”下来的人。他们就好像是从战场上飞回来的飞机，让这些“幸存者”总结自己的“成功经验”，他们会理所当然地看一看自己身上的“弹孔”，然后告诉别人，这里需要保护，那里也需要保护。其实我们通常很难看到那些真正要害部位“中弹”的创业者，其实这些人的故事、经历，才值得我们研究和学习。

看成功的案例，永远只看到别人；看失败的案例，往往容易看到自己。因此，与其每天看成功的案例，想着怎么模仿别人的成功，倒不如经常看别人失败的案例，多分析案例中不妥当的地方，以此为镜，反思自己，让自己能活着飞回来，成为那个“幸存者”。

5.3　不要成为一只患上知识瘫痪的长颈鹿

我们周围有许多人每天花大量时间在微信朋友圈和公众号、微博等网络世界里找各式各样的最新资讯、最火热评、最流行文章等自己不知道的知识和信息。一旦从繁忙的工作中抽身出来，他们就忍不住拿起手机开始刷新、分享。他们每天都沉浸在“啊！又学到了新知识！又‘get’到了新想法”的喜悦和满足之中。当有人质疑他们为什么要花那么多时间在手机上时，他们会告诉别人：“我这叫‘碎片化学习’。”

每天花那么多时间去读各种新知识或新闻，到底有没有用？听上去好像是有用的，因为俗语云，“知识改变命运”。可是，这种知识要怎么改变命运呢？

今天有人利用碎片时间，“高效”地看了十多条新闻，翻了五六篇干货，又灌了几篇鸡汤，然后他就以为自己对这个世界有了不一样的理解。但这又能怎么样？知道了如何提高写作水平，他就变成作家了吗？知道了蜗牛是如何交配的，他就变成动物学家了吗？知道了某种疾病很可怕且无法预测，他就变成医生了吗？很可惜的是，他还是他，依然是那个挤在地铁或公交里的普通上班族。

互联网和手机本身没有让你更智慧

图5.6

所谓学习究竟应该学什么？是学习知识吗？然后呢？储存在大脑里吗？来看一组数据：

全世界每天有4000本书出版，超过4亿个字；

《纽约时报》一天的文字量等于与牛顿同时代的人一生的阅读量；

一个专业领域，每天大概有200个公众号正在注册，有近1000篇文章正在产生……

在这个信息爆炸的时代，对于知识的储存，电脑早就已经可以把人类狂甩好几条街了，为什么还要通过人脑来记忆？过去那些懂得很多知识的“博学家”在现代社会已经渐渐不复存在，即便存在，也比不过强大的网络搜索引擎，比不过大数据存储，比不过云计算技术。人脑本可以开发和创新出诸多有价值的东西，我们又何必傻傻地只把它当成一个大容量硬盘来用呢。

实际上，对于那些曾经让我们感觉自己仿佛能体会到宇宙奥义的新知识，我们很难记住。不信，我们可以现在打开自己的收藏夹，看一看之前收藏的所有文章有多少是我们看了标题能想起内容的，又有多少是我们看了标题会有“我竟然收藏过这个”的感觉的。

为什么会忘记？因为碎片化信息是“自媒体快餐”，它们就像垃圾食品一样来得快去得快，除了留给我们一身肥肉外没留下什么营养价值。这种信息在传播的时候，为了让大众容易接受，复杂的内容通常会被删掉，往往传递的是庞大知识体系的冰山一角。

退一步讲，假设我们有过目不忘的本领，能将看到的知识全都记住。然后呢？当我们学习开车时，能通过记住开车的所有知识而不碰车就学会开车吗？当我们学习游泳时，能通过记住游泳的所有知识而不下水就学会游泳吗？知识本身改变不了命运，能够改变命运的是知识转化后的产物，即我们对知识运用的能力，以及在正确的时间、正确的地点，运用这些能力之后得到的结果。

不下水　怎么学会游泳

图5.7

回到这个问题：学习究竟应该学什么？一定不是知识本身，我们应把学习二字拆开来看，即学“基于待解决问题的相关知识”，习“对知识的深度思考和应用的能力”。这才是所谓学习这件事情的“核心内容”。

学习对知识的深度思考和应用的能力是一件很难的事，也是一件需要时间和空间、碎片和体系共同作用的事，它远远比迅速点开一篇标题好玩、内容空洞的文章难得多。但90%的人都会选择点开那篇文章，浅薄之路也从此开始。

当人们不断地从网络的爆文中“get”到新观念时，大脑会很嗨，仿佛世间的一切事物都能被自己了解。但是，真要把这些新知识、新观念转化为能力的提升并落到实处，需要一段相当漫长的时间。在这段时间里，人们不会有瞬间获得的快感，而是要经历一个攀登的过程。人们要经历自己开车时的左右摇摆或迷离游移，才有可能如老司机般驾轻就熟；人们要在自己下水之后呛几口水，才有可能如鱼儿般悠然戏水。

因为人们忍受不了这种漫长的攀登过程，才会下意识地特别喜欢新知识给自己带来的快感，于是我们继续疯狂地刷干货，时间一长我们会发现自己的眼界和格局变得越来越高，脖子越来越长，但是手脚却越来越笨，渐渐地成为一只患上“知识瘫痪”的“长颈鹿”。这些“长颈鹿”总喜欢以学习为借口，花费大量时间在自媒体的大海中游泳，他们没有越学习越智慧，反而越学习越无能。

你觉得自己无所不知　其实你一直在原地

图5.8

有一位清华大学的学霸是一个社群名人。他在自己的公众号里发布过一篇文章，名字叫《学到知识和学到知识的感觉》，其中提到，许多互联网时代的“知识型IP”最终给我们带来的只是“爽”的感觉。其中有一段话：

“如果想要在知识创业时代做出好的商业，其实更多应该着重给消费者营造一种‘我学到了知识的感觉’，这个其实和知识没有半点关系。真正知识的产生是很重资产的产业链，以前看过一个数据，一篇关于自然/科学的论文背后的投入是16万美元（数据可能不准确，欢迎提供引证），而‘学到知识的感觉’其实是一种像焦虑感一样，可以批量生产、快速分发、规模收割的虚拟商品经济形态。”

所以，充斥在自媒体平台上的各种“牛人”所谓的“知识变现”归根结底是一种“感觉变现”“体验经济”“情感营销”。它和我们真正想要的、真正能够帮助我们解决问题的“知识”，其实没有什么关系。

比如，当读到这里时，我们可能会以为似乎发现了什么秘密，但其实这些，也许同样是一种“学到知识的感觉”而已。我们真正需要的知识，需要通过不断地攀登来获取；我们真正需要的能力，需要通过不断地实践来锤炼。这其实又回到了原来的问题，该怎么学习呢？

1. 以问题为起点开始学习

生活不会让我们像在学校里一样，系统地学完、学好一门知识，然后坐在教室里等着不超过知识点范围的考试。大部分时候，生活会先向我们提出一系列待解决的问题，然后我们自己找出问题的关键词，开始学习。所以，学习的起点不是由某人在朋友圈里晒出的一本书、向我们推荐的一篇文章或者某个行业的一个经典案例而引发的我们内心的焦虑，而应该是我们在现实世界中遇到的问题。

2. 需要有一个明确的计划、安排

在解决完为了什么而学习的问题之后，计划和安排就是解决怎么做的问题。如果真想利用碎片化时间，那就制订好自己的学习计划后，将自己的碎片化时间进行分类处理。比如，5分钟的碎片化时间能学到什么？15

分钟又能学到什么？碎片化时间非常适合学习一些工具类的知识，比如Excel的一些常用技巧、如何拍出一张好看的照片等这类可以现学现用的技能。如果是学习系统的、难理解的知识和技能，还是拿出整块时间比较合适。

3. 减少无效的信息源

如果没有特别的社交需要，我们没有必要时刻关注网上的各种"朋友圈"。一是它消耗时间，我们本来有时间去看向远方，又何必把它消耗在"朕已阅"上，真正的情感维护不是靠我们的几句评论或者几个赞就可以实现的；二是我们还会被诱导去看一些看似有趣的文章，进而让我们的信息源杂乱。思考一下我们获取信息的源头，从开始关注到现在，我们从那里究竟得到了些什么，是我们想要的东西吗？对于留存还是舍弃，便知晓答案。

4. 扩充有效的学习资源

大部分人找资源时，第一反应是上网搜索，看起来很快速，其实反而很容易让人陷入困境，因为网络是个无底洞，信息源特别多，这里翻翻那里看看，一不小心，可能几天都搞不出个结果来。第二反应是买书，这也有问题，因为一般人要把一本书里的内容全部消化完至少需要一周的时间，前提还是选对了书。

在这个信息爆炸的时代，信息早已经多到让人无法负荷。所以对于有效地扩充学习资源，最重要的绝不是增加信息，而是筛选和删除信息。最好的步骤是：第一步，向有经验的人请教，让其根据我们提出来的问题，给我们清晰明确的建议、方向和边界；第二步，找到标杆，找到并学习我们有问题的那个领域的标杆是怎么做的；第三步，开始用网络搜索资料和书籍的总结和评论；第四步，前面的都做完了，最后才是系统地看书。

这种搜索学习资源的方式叫"人—事—网—书"，是扩充和寻找学习资源最有效的方式。

5. 学习的"721法则"

行动学习理论认为，人要掌握一门技能，需要用10%的时间学习知识和信息，70%的时间练习和践行，还有20%的时间与人沟通和讨论。这个原则被称为“721法则”。碎片化学习对于10%的信息接收非常有用，而剩下的70%的练习和20%的讨论，则需要留出大量时间来系统学习，碎片化学习永远只能是系统化学习的辅助。我们还需要留出足够多的时间来练习、思考和讨论。

5.4 为什么越学“成功学”越不成功

如今我们到处可见“如何3个月赚到100万元”“35岁实现财务自由”之类的“成功学”。按理说，告诉别人“致富秘密”的人不是傻子就是骗子。因为知道致富秘密的人如果告诉了别人，知道的人越多，竞争对手也越多，那获得财富的机会不是反而会越少吗？

这就好像是医药行业的祖传药方、餐饮行业的绝密配方、科技行业的核心技术一样，把秘密都告诉别人了，自己还要不要活？讲这种“成功学”的人，究竟是在告诉我们真正的“致富秘密”，还是举办了一场忽悠我们付费的“精神盛宴”？

针对当前我们对成功的极度渴望心态，国内许多成功学大师从一些西方的大师处取经回来后，将原本用于“指导社交和人际关系”的学问转型为成功学。如果要为国产的成功学下一个定义的话，那应该是这样：教人在最短的时间内，以最小的代价、最简单的方法，获得最大的成功。当然，主要是指经济层面的成功。

也许 这是成功学大师真正的样子

图5.9

成功学中充满了被美化的故事，我们很少能从这些故事中找到成功者的“原罪”（成功的真正原因）。成功者已经拥有了话语权，他们可以任意解释自己的历史。

成功学大师喜欢总结人们愿意接受的简单的成功技巧和经验，却很少提供那种人们不愿意接受的情势与压力。成功学大师会告诉我们一套简单的模式、一个简单的公式或者一种简单的方法，并告诉我们只要按照这个模式、公式或方法，就能获得成功。

比较经典的有：

（1）“只要就”模式。有的大师说，只要努力就能成功；有的大师说，只要坚持就能成功；还有的大师说，只要抓住机遇就能成功……

（2）“因为”模式。成功是因为勤奋，不成功就是因为懒惰……

（3）“渴望”模式。成功是源于自己对成功的渴望，不成功是因为还不够饥渴……

（4）“不要”模式。成功是源于“不要”的习惯，所以，不要抽烟、不要喝酒、不要……

（5）“潜能无限”模式。任何人都可以成功，没成功就是因为没有发现潜能，要发现自身的潜能……

（6）“思维改变命运”模式。没成功就是因为思维不对，只要思维转变了，什么都变了，就成功了……

盘点一下网络上盛传的“成功公式”，可能有不下百种，比如：

成功=（时机+心态）×人脉；
成功=（意愿+能力）×行动；
成功=（自律+奉献）×毅力；
成功=（天资+机遇）×勤奋；
成功=（热情+方法）×时间；
成功=（工作+休息）×实干；
成功=（目标+行动）×反思；
成功=（知识+质疑）×谦逊；
成功=（自立+自强）×感恩。

每一种公式的背后都有一套理论和故事在支撑，看得人们已经眼花缭乱了，成功到底“等于”什么？

图5.10

事实上，虽然现在市面上一茬接一茬的成功学大师总是语不惊人死不休，但这些成功学大师似乎并没有培养出什么惊天地泣鬼神的成功人士。是的，他们有时候会宣称自己熏陶出了多少个百万富翁、亿万富翁，但不要说福布斯排行榜了，就是中国富豪榜上的大腕们也从没听说哪一个是靠学习成功学学出来的。

反倒是讲成功学的大师们多是靠成功学成功的。据说，安东尼·罗宾（Anthony Robbins）曾对一位后来在国内很著名的成功学大师说：“这个世界上赚钱的行业很多，但没有哪个行业能比帮助别人成功和帮助别人改变命运更有价值。”

而在那些跟随某些培训成功学机构中的大师良久的学员中，也有一些成了“先知”，发现了这个“真理”，即没有什么行业比做这个培训机构来钱更快、更容易了。所以他们自己干脆就加入这个培训机构，也成了成功学大师或者是代理商。

原来，所谓的成功学有时候就是：忽悠你给我交学费，我就成功了；你再忽悠别人给你交学费，你也成功了。

芸芸众生，成功者寡，也许这种博弈很残酷，但这是事实。在“败军之将不言勇”的中国，厚成功、薄失败是一种大众文化，但大众文化也不可违背事实：成功总有其偶然因素。研究成功不如研究失败，因为他人的成功教不会我们怎么打造优秀的公司，但他人的失败可以告诫我们如何避

免创业失败。

常言道，“失败乃成功之母”。认识、实践、再认识、再实践是一个必然过程。人们挑战未知领域时，由于现有知识的局限，经常会遇到挫折，但如果认真加以总结，失败就会成为通往胜利的里程碑；如果汲取教训，可避免重犯错误，使人们少走弯路。

1940年，美国华盛顿州的塔科马新建成了一座索桥，但建成才4个月就被每秒19米的横风所摧毁。为了揭开这个失败的原因，美国华盛顿州组织大批专家，花费了巨大的财力反复研究，终于弄清桥梁被毁是由于横风引起的自感应震动。这一原理的发现，带动了索桥技术的飞跃发展。日本将塔科马索桥的教训引以为戒，建造的明石海峡大桥能承受每秒80米的狂风。

1952年，德·哈维兰（Geoffrey de Havilland）的喷气式飞机——“彗星”问世后名噪一时，但不久后其连续发生飞行坠落事故。专家们研究后发现是当时并不知晓的金属疲劳的原理在作怪，波音公司汲取了教训，把高空中的金属疲劳原理应用于新飞机的研发，使用新型复合材料解决金属疲劳问题，结果波音公司的产品席卷了世界飞机市场。

“二战”时期，美国制造的“解放号”万吨运输船接连受到破坏，调查发现是由于钢在零摄氏度以下失去伸缩性，出现了“冷脆”现象。这个失败促进了钢铁利用技术，特别是焊接技术的飞速提高。

人不可能不犯错误，企业不可能永远成功。一个人在错误面前认真反思，避免重犯错误，会逐渐走向成熟；一个企业从错误中总结经验，不断完善规章制度，规避风险，会大大提高成功概率；一个社会把失败个案作为教材，在社会上加以推广，让所有人从中汲取教训，会带来无法估算的社会效益和经济效益。从这个意义上说，正确对待失败比正确对待胜利更有意义。

马云说：“成功学课程听一两次可以，听四次、五次，这人就废了。很多时候少听成功学专家讲的话。所有的创业者多花点时间学习别人是怎么失败的，因为成功的原因有千千万万，失败的原因就一两个，所以我的建议就是少听成功学讲座，真正的成功学是用心感受的，有一天你就是成功者，你讲任何话都是对的。”

珍惜时间、珍爱生命，请远离成功学。

5.5　什么样的人最容易被忽悠

曾听同学Kim讲述过他一位很要好的朋友王先生的被骗经历。

王先生原来和他老婆在一家工厂打工，经过几年的打拼，有了一点积蓄，看到周围亲戚朋友有做生意赚钱的，比自己上班强多了，于是他们开始在网上找创业项目。Kim劝王先生，找项目的时候慢一些，多考察、多比较，多留意网上的信息。可王先生一心只想发财，并没有把Kim的话听进去。

“投1万元，一年收回100万元”“轻松赚大钱”“一天赚2万元”“打工赚钱少、上班厌倦了、失业了、毕业了、自己的小店不赚钱了，怎么办？加盟XXX国际连锁公司吧！不需要任何经验、3万元做老板、从开始投资到经营获利一切都由总部负责，您就等年底在家数钱吧”，这些诱惑的语言、诱人的利润、动人的承诺，看上去就像是上天安排给自己的赚钱机会。

王先生与其中一家公司电话沟通，发现这家公司给出的条件非常好，他们为了推广自己的品牌，加盟费收3万元，不需要再交其他费用，会在一年内分批次给加盟商配价值3万元的货，所以加盟等于是免费的！有专人手把手指导开店，保证盈利。如果一年卖够一定的数量，还会有额外的奖励！

时机宜早不宜迟，王先生和他老婆连夜买了两张火车票坐了一晚上火车赶到北京，来到这家公司的总部考察。高档的写字楼、豪华的装修、人来人往的环境、员工忙碌的场景，怎么看都像是非常有实力的公司。

更令王先生和他老婆惊喜的是店铺样板间，很有品位和档次！各式服装分类明晰、层次分明，色彩搭配很有视觉冲击力。衣服的料子好、款式

新、价格也不高。这样的店无论放在哪个地区，只要不是太差的地方，肯定会顾客盈门！大公司果然就是有实力！

随后他们很快和这家公司签了合同，然后急匆匆赶回家去准备“发财”了。他们在回家的火车上仍然沉浸在兴奋之中，夫妻俩一起憧憬着美好的未来。但残酷的现实给了他们一个深刻的教训。

总部发来的货一看就知道是积压货，款式陈旧、面料劣质，许多看起来都像是残次品。王先生先后换了三次货，可最后换来的还是积压货，后来他也不敢换了，因为进货和换货的邮费需要他承担。过了两个月，进货的价格也涨了。后来王先生到周围几个生意做得很好的服装店去调研，发现许多与他店里款式和面料相同的货，他的拿货价比当地市场的零售价都高。他还怎么赚钱？当时他们夫妻俩在店铺样板间里看到的那些打眼的衣服他一件都没见到！

他们打电话到公司大声斥骂，说公司欺骗了他们。当初接待他们的业务员既不生气也不激动，等他们骂够了，用一种温和的语气告诉他们：“有什么问题可以咨询我们的客服部。”然后他就挂了电话。

他们打电话到客服部，得到的答复是：在店铺样板间看到的样品没货，公司的货就这样，爱要不要。想退货？退加盟费？门都没有！不服尽管来北京告我们！

王先生向公安机关反映，因为这家公司的工商登记、注册商标等手续一切齐全且都合法，公安机关说这属于合同纠纷。他向工商部门反映，工商部门说他们只能对该公司可能存在的虚假宣传予以处罚，还要取证后才能判断。王先生又拿着合同去咨询律师，律师告诉他，这个合同里没有一条能帮得上他，他想告这家公司的话，一定会输。

王先生这才发现原来这是个“局”，这家公司根本不像宣传的那样只是为了推广品牌。所谓3万元加盟费给配3万元的货，实际配的就是论公斤称的破烂货。这样基本上所有的加盟商的店最后都会倒闭，而公司赚的就是他们的加盟费。

世界上没有免费的午餐，天上不会无缘无故就掉馅饼。因为很多人一见这种“掉馅饼”的事，就会趋之若鹜，所以商家们总会利用人们的这种心理做文章，天天声嘶力竭地叫着“投入小、见效快、利润大、无风险，甚至不花一分钱”。真的有这等好事吗？商家们什么时候都变成活雷锋了？

图5.11

人人都恨骗子，可扪心自问，骗子为什么能骗到我们？找到病根才能治病，也许骗子只是外因，贪念和浮躁才是内因。这两种特质使人们滋生出莫名的恐惧和不安，迫使人们急于去找到一种摆脱现状的方法或路径。有这样的心态，我们就会很自然地相信“我们能够通过模仿获得成功”，相信“味道鲜美的就是好喝的鸡汤”，相信“每天刷网络爆文能让我们学到知识”，相信“成功学真的能给我们带来成功”。

有一本名叫《异类》（*Outliers:The Story of Success*）的书说：“每个了不起的大师都是经过差不多一万个小时的练习才最终成功的。”莫扎特大约练习了一万个小时才成为杰出的音乐家，比尔·盖茨大约练习了一万个小时编程才取得成功。千万不要浮躁，不要认为可以侥幸得到成功。那种侥幸的成功即便得到了，可能也是短暂的；就算不是短暂的，也是不值得的。

人为什么会浮躁？有人说，浮躁来源于人们内心的矛盾。比如，当我们有一件要紧的工作要做，同时也有一场想了很久的电影要看的时候，我们就会浮躁。最优的情况是，要么我们选择放松心情去看电影，全身心地投入电影中，在电影没结束之前，不再想工作还没有完成可能会对我们有什么影响；要么我们选择待在办公室，认认真真地工作，在工作没有做完之前，就不要再想这部电影会有多精彩，错过了，自己会有什么损失。

但是，大部分人的做法是：选择了看电影，却在想工作；或者选择了工作，却还在想电影。所以，就有了矛盾，有了纠结，有了浮躁。矛盾在自己的无能为力，纠结在自己得不到想要的全部。

所以，选择休闲还是奋斗，不同的选择带给我们不同的人生。既然选择了，就坦然地接受，接受它带给我们的全部。

让自己全身心地放松一下吧

图5.12

能够做到对自己有深刻的了解、准确的定位，知道自己为了目标愿意做出多少牺牲，愿意付出多大代价，并会为自己的选择勇敢地负起责任时，我们就会渐渐地对这个社会了解更多，慢慢变得波澜不惊。

面对新的诱惑，我们不会轻易地想要，而是学会了首先问自己，目前是否有富余的资源拿来交换。如果我们懂得评估自己既有的资源和能力，就会越发对自己的生活掌控自如，对每一步行动越来越有把握。在我们越发自信的同时，浮躁也会离我们越来越远。

所以面临问题时，要么解决它，要么接受它，这样我们的心态才能始终保持宁静和平和，专注于当下的那一刻。当我们不再任思维脱缰在想象中的时空时，我们就不会再浮躁了。会不会被别人忽悠，最关键的还是在于自己的心态，我们如果不懂得改变自己，让自己心态更沉稳、心灵更纯净，被骗是必然，躲过才是偶然。

第6章

我们为什么不喜欢行动

人们喜欢享受思想的盛宴，喜欢品尝不劳而获的果实，喜欢接受一劳永逸的结果，就是不喜欢行动。是什么阻挡了人们追求梦想的脚步？是什么阻止了人们的行动？要如何打破这种心智上的束缚呢？

图6.1

6.1　一夜暴富之后，人生就圆满了吗

我们常常会看到“某地市民花10元中5000万元大奖”这样的新闻，也常常会谈论某人运气好一夜暴富的故事。周围人常常有这样的想法：等赚够了X万元，我就可以不上班了。短期快速实现财务自由似乎是每个人都会追求的梦想。可是，很少人会想，假如我真的一夜暴富了，然后呢？人生就圆满了吗？

看一则社会新闻：

在北京，拆迁补助给个几百万元的比比皆是，上千万元的也不少。一夜暴富之后钱怎么花呢？第一选择当然是买车，人都爱攀比，你买的好，我买的比你的还好！

家住北京房山区良乡镇的老姚不需要工作，他一大早就拿着渔具来到附近的小河边开始钓鱼。此时，他30岁的儿子仍在家里呼呼大睡。

老姚是个拆迁户。汹涌而至的城市发展浪潮将他卷入其中，在给他带来一辈子都不曾冀望过的财富的同时，也彻底地改变了他的生活和人生轨迹，使他成了北京2000多万人口中的“异类”。

老姚住在地铁房山线南关站和良乡大学城西站之间的一个小区里。这个小区没有名字，是房山线沿线很多拆迁户的回迁居住地。老姚原本在房山线北侧有两间平房，几年前被拆了，老姚除了领到一笔拆迁款之外，还获得了购买两套回迁房的机会。

这笔巨款砸下来，很多人就晕头转向了。老姚说，那时候房子刚拆，大家还在租房子住，但都比着买车，买好车，现在他们小区里宝马之类的好车并不少见，他还算清醒的，只给儿子和儿媳买了一辆本田雅阁。

暴富带来的另外一个影响就是大家都不太愿意去上班了。老姚的儿子上过职业高级中学，学的是弱电工程，原本在北京丰台区的一家宾馆上班，儿媳则在一家超市做收银员。现在，小两口都懒得去上班了，觉得那是小钱，懒得去赚。他们没有了收入，花钱却更大方了。现在儿媳做头发都要开车去城里，每次都要花1000多元。老姚的老伴劝她就在小区周围的美发店里做，但人家就觉得“这里的店太土”。

但老姚已经很知足了，起码他们没有去惹是生非。他听说，许多以前同村的年轻人在有钱之后都染上了不少恶习，比如赌博，有的人连自己刚买的车都输掉了。

老姚最担心的还是自己在银行里的存款可能会越来越不值钱。有时候老姚会想起以前的日子。那时一家人都有事做，虽然手里没有这么多钱，但细水长流，心里很踏实。现在，除了存在银行里的拆迁款外，他们几乎没有收入，而需要开支的地方却比以前多了许多。

老姚是过来人，知道坐吃山空的后果。他经常想："我们老两口还好说，毕竟没多少日子了，可儿子他们怎么办啊？"夫妻俩整天就知道玩，如果这样下去不知道能维持多久，最可怕的是养成了这种习惯后，以后该怎么生存？还能适应这个社会吗？孙子辈怎么办？拆迁给他们带来了富裕，也带来了懒惰。

图6.2

有些人在一夜暴富之后，就以为可以为所欲为地坐吃山空。这种现象引出了一个已经被讨论了许久的话题：人活着到底是为了什么？是为了赚够了钱后天天吃喝玩乐，是为了名誉，是为了得到别人的认可，还是为了完成某个使命？

这个问题也许有点过于宏大了，不过还是值得我们去思考。丰子恺先生写过一本书叫《佛无灵》，其中有一篇是写人生追求的，他说："在人生追求上有三层楼，一楼是为了满足物质生活而活着，大部分人生活在这层；二楼是为了满足精神生活而活着，这部分人比前者少；三楼是为了灵魂生活而活着，这部分人最少。"

有的人满足于一楼的生活，把追求物质生活当成生活的目标，他们把内心的需求都外化为物质，以为拥有了各种物质就满足了内心。可是在这物质的追逐中，他们始终没有满足的时候，有了房子想车子，有了车子想位子，有了位子想女子，没有餍足。当有了女子后他们又不知道珍惜，想要更多的女子，因为他们精神空虚，总想通过不断地占有来填满自己。可没有精神和信仰，内心是无论如何都得不到满足的。

人生的第二层楼是为了满足精神生活而活着，不同的人有着不同的爱好。比如，琴棋书画、诗词歌赋、戏曲收藏，这些都属于陶冶情操、怡情养性的精神享受，很多人满足于这种自娱自乐的消遣。又如，有的人爱读书，通过阅读可以体验别人的精神世界，他们认为那些闪耀着人类智慧光芒的书是一种精神食粮，是取之不竭、用之不尽的宝库。

到了第三层楼，人们对物质的欲望会越来越少，对电影、电视这些精神娱乐也会不感兴趣，因为许多问题的答案已经被找到，也包括那个古老的问题：人活着到底是为了什么？明确了这个问题，在遇到选择时我们就知道如何取舍了，就能够净心对得失，并减轻许多的心理负担，家庭越来越和睦，人际关系越来越好，身心也越来越健康，直至心智超脱、心灵解放。

金钱并不意味着一切。有人拥有无数的金钱，却不一定拥有无数美好的东西。拥有金钱，我们可以买到昂贵的药品，却未必能买到身心的健康；我们可以买到华贵的床铺，却未必能买到安心的睡眠；我们可以买到艳丽的玫瑰，却未必能买到纯洁的爱情；我们可以买到辉煌的宫殿，却未必能买到温馨祥和的家庭。

稻盛和夫在《人为什么活着》一书中说："出人头地也好，成功也好，只想过有趣、特异的人生也好，都只是人生的一种过程而已。人生真正的目的是成为一个有品质的人。人类开始真正感觉到自己活在世界上，具有了存在意识，一般来说，是在已经有了判断事物的能力之后。名誉、地位和财产，在我们往生以后，没有一样能带到另一个世界，连肉体也是留在地球上的。就像前面提到的，能带走的只有灵魂，也就是意识体而已。提升人性的品质，或者说磨炼人的灵魂，对人类而言是至关重要的大事。磨炼灵魂，使人的品质臻于完美，这才是人生真正的目的。"

其实我们大部分人要的都很简单，只是想要幸福。幸福是什么？它有物质层面的内容，也有精神层面的内容。人要有物质追求，生活的质量才有保障，但不可以为物质所迷惑，物质的背后应是对理想的执着，精神上的富有，才更重要。我们只有实现自己的理想，完成自己的使命，这一生才是有意义的。

这些年 买了四轮 买了手表 买了单眼

却发现 追不到的 停不了的 还是那些
人生是 只有认命 只能宿命 只好宿醉
只剩下 高的笑点 低的哭点 却没成熟点
成熟就是 幻想幻灭 一场磨炼
为什么 只有梦想 越磨越小 小到不见
有时候 好想流泪 好想流泪 却没眼泪
期待会 你会不会 他会不会 开个同学会
他在等你 你在等我 我在等谁
又是谁 孩子没睡 电话没电 心情没准备
天空不断 黑了又亮 亮了又黑
那光阴 沧海桑田 远走高飞 再没力气追

——五月天的歌曲《干杯》

6.2 怕这怕那的，不如回娘胎里去

不知道你身边有没有这种人。

他想要跳槽，但是害怕破坏自己在老公司同事眼里忠厚的形象，害怕适应不了新公司的氛围和节奏，害怕在新公司工作一段时间以后还是一样不开心，一样没前途和“钱途”，可能还会跳槽。最后，还是不跳槽了，凑合着继续干吧。

他想来一场说走就走的旅行，但是害怕请假以后自己手头的工作没人管，害怕万一因为这个把工作丢了再找工作很难，害怕要旅行的地方不像别人说的那么美。最后，还是不旅行了，在网上找点图片过过眼瘾吧。

他想跟某异性朋友表白，但是害怕她可能已经有在谈的男朋友，害怕自己不是对方喜欢的类型，表白了以后会被对方拒绝，害怕自己先表白的这种主动在未来会成为两性关系中的被动。最后，还是不表白了，继续暗恋吧。

他想写一本书，但是害怕写出来以后没有出版社愿意出版，害怕出版了以后没有人愿意看，害怕看的人多了被高手笑话自己的文笔。最后，还是不写书了，把才华都藏在日记本里吧。

为什么会这样？

因为人总是不断地追求“安全感”。

图6.3

这就像是生物趋利避害的本能。一只草履虫，在它左边滴高浓度的盐溶液，它会释放激素驱动身体避开左边；右边滴营养液，它会趋向右边。人也一样，只是多了一层用以表现自己的自身感受。人类的大脑喜欢预演，这种预演会以追求安全感为前提，于是失败在心中的感受会自然地被加强和放大。

其实失败本不存在，它是人自己定义出来的一种感觉。与其说害怕失败，不如说害怕别人看低自己，这是出于自己的虚荣心理。如果我不行动，失败了尚有说辞；如果我行动了，失败了无颜过江东。不如选择不行动，因为行动后，别人有看低自己的可能性，这不安全，所以还是不要行动了。

任何事情都存在多种可能性，都不可能完全随人愿。但是当我们理智客观地分析后，会发现其实只有行动，才会增加事情往自己有利方向发展的可能性。显然，不行动，事情是不会自己长腿向有利于我们的方向发展的。我们应学会慢慢尝试接受生活中的这些所谓的失败和不完美，何必要求自己完美无缺？

在美国的硅谷，失败被认为是一种“荣誉勋章”，因为在硅谷，如果你没有失败过，那就代表你不尝试。如果你没有经历过大的失败，那么你可能就不会有远大的目标。

在这里举两个从失败中获得成功的例子。

1. 史蒂夫•乔布斯（Steve Jobs）：成功源于华丽的失败

乔布斯三十岁的时候，被董事会从他一手创立的公司中赶走。这是乔布斯神话中最悲情也最传奇的一幕。回到当时的场景，乔布斯确实不是一个好的CEO：他的确在产品和营销上有过人之处，但是他也有“很难被管理”的问题，连一心想要跟乔布斯维持关系的约翰•斯卡利（John Sculley）也难同乔布斯共事。

“对于史蒂夫来说，最好的事情就是我们解雇了他，叫他滚蛋。”亚瑟•罗克（Arthur Rock，苹果公司董事，硅谷的风险投资教父）说。许多人认为，这种严厉的“爱”让乔布斯更明智、更成熟。

但事情并非如此简单。离开苹果公司后，在自己创建的新公司里，没有了董事会和合作者的约束，他自由了。他可以将自己认可的东西做到极致，他能够释放自己的所有天性，比如对设计的偏好，对封闭的狂热，最后他生产了一系列炫目的产品，但收获的是市场失败的重挫。挫折的教益是他认识到了完美主义的弊端，他成了一个更好的CEO。

乔布斯总是爱说“nothing to lose”，他曾对年轻人建议：“年轻最大的好处就是什么也没有，所以什么也不会失去，要趁着年轻去做一番事业。”

在皮克斯时，乔布斯说：“我当然也不想失败，我做事情之前也会有很多的顾虑，要考虑这会对皮克斯有什么影响，会不会影响我的家庭，会不会影响我的名誉。但是我最后决定去做，因为这是我想做的事情。如果我尽了自己最大的努力却失败了，那至少我已经尽了最大的努力，结果最坏又能坏到什么样呢。”

2. 埃隆•马斯克（Elon Musk）：从无数次的失败中创造历史

曾经有几位企业家去特斯拉总部考察学习，其中有人问马斯克：“你决定做电动车的时候，电动车市场一点儿也没有要火的迹象，你是如何判断出这是一个大好的机会呢？你不怕失败吗？”马斯克说：“我从来没觉得这是一个大好的机会，相反，它失败的可能性要远大于成功。我只是觉得，这是我应该去做的事情，而且我不想苦等别人来实现。”

在2013年都柏林网络峰会上演讲时，马斯克驳斥了一个论断：硅谷企业家都不怕失败。“我当然害怕失败。”他承认道。在演讲中，马斯克回顾说，在2008年和2009年，他的Space X项目和特斯拉项目都差点遭遇滑铁卢。

他说，Space X项目前三次发射航天器的努力均宣告失败，而且花了大笔资金，他的公司好不容易才凑齐用于第四次发射的资金。“在第四次发射的时候，我感到非常紧张。在它最终发射成功的时候，我并没有特别高兴的感觉，只是感到如释重负。”他紧接着回忆道。

2008年暑期，金融危机不期而至，特斯拉正准备举行一次融资活动。由于克莱斯勒和通用等汽车公司均宣告破产，马斯克的特斯拉很难从投资者那里拉到资金。他说：“当你提到要融资的时候，人们感到很生气。”

特斯拉在破产前的最后一刻筹到了钱。风险投资公司Sherpa Ventures的联合创始人谢尔文·皮谢瓦（Shervin Pishevar）说：“企业家应该承认失败也是一种选择。恐惧是有限的，希望是无限的。我们害怕失败，但是这不会阻止我们去尝试。”

人们在面对事情时，有对安全感的追求，有对失败的恐惧，有对行动的怀疑，这都是正常的现象，我们不需要把精力浪费在劝自己不要在乎别人的眼光或者分析自己内心的丑陋阴暗面（比如虚荣心、好胜心等）上。试图用自我怀疑的方式解决自我怀疑的问题，结果可想而知。

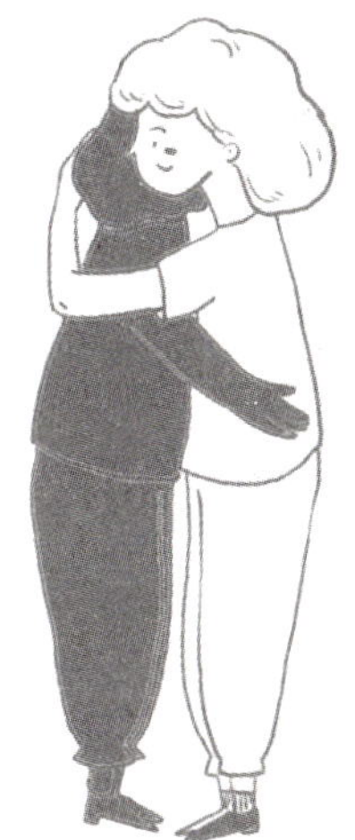

拥抱自己的恐惧就无所畏惧

图6.4

行动者的伟大不在于别人想象的感情麻木，不在于没有畏惧之心，而在于他们总能在害怕的同时，与害怕为伴，继续前进。正如马斯克所说：“如果恐惧是不理性的，那么你就应该忘记它；如果恐惧是理性的，而且风险也确实很高，那么你应该正视它，继续前进。”

6.3 谁偷走了我们的时间

如果有人不想采取行动，“忙”会是他最好的借口。

我曾经有位同事Mary，特别喜欢羡慕别人。

我常听她两眼放光地说，谁考过了某证书，谁考上了MBA，谁在职读完了博士。

我说：“你也可以考啊。”

Mary说：“我也尝试过考在职研究生，坚持复习了一段时间，后来发现我哪有时间呢，回家还要做饭、做家务，还有老公和孩子要照顾。”

我说：“你看咱们公司的田经理，她工作比咱们都忙，周六日经常不休假，今年快50岁了，培养女儿考入了985大学，自己每天还坚持学习，能保持一年考一个资格证呢。我听说她为了节省时间，家务请家政做，晚饭能买着吃就不自己做。田经理能做到的，你应该也可以吧？”

Mary说：“你说得对，不过……但是……我们家孩子……我们家老公……我们家那条狗……”

总之，Mary真的很忙，忙得没有时间做任何让自己增值的事情。过了不久，我又听到她开始羡慕某某考了某证书，考了MBA，考了博士……可据我所知，她平时还经常跟同事讨论她跟她老公一起看的电影、一起自驾游的趣事、一起玩的游戏……

Mary有一个非常有趣的心智模式，像极了许多人，她的逻辑是“羡慕别人—内心不平—尝试改变—产生倦怠—内心接受—继续羡慕别人”的循环。这种心智模式，我们可以称之为“鬼打墙”式的思维死循环。

许多问题的原因通常都在自己身上

图6.5

显然，以这种心智模式无限地循环下去不会产生任何价值。陷入这种心智模式的人通常很难走出来，他们每天做的事就是不断地羡慕、不断地放弃、不断地用“忙”这个借口来自我安慰。

那么，要怎样走出这种思维死循环呢？也许有个人的经历能够让我们找到答案。

吉田穗波是一位有五个孩子的妈妈，2004年她从名古屋大学研究所博士毕业后，在东京银座的妇幼综合诊所任妇产科医师，工作十分忙碌。

大女儿一岁时因肺炎引发气喘，让吉田穗波在疲于应付的同时，也萌生了“若想改变现状，只能积极提升自己的程度”的想法。她决定到哈佛大学念书时，大女儿两岁，老二只有两个月，她每天上下班要花三个小时，通常下了班，接了小孩，回到家已经晚上七点了。

2008年，她怀揣着再深造的梦想，用半年的时间完成了从申请入学哈佛大学、准备考试到录取的一系列事情，其间还怀上了第三胎。同年，她带着三个年幼的女儿，与丈夫一起前往波士顿，用两年便取得了学位，其间生下了第四个孩子。在她撰写总结这段经历的自传之时，她的第五个孩子也出生了。吉田穗波所做的任何一件事对一般人来说都是很艰难的任务，她却同时漂亮地完成了所有。

吉田穗波能实现梦想，除了家人的支持外，还要靠她有效的时间管理方法。她在自己的书《就因为没时间，才什么都能办到》中，分享了自己的时间管理经验：

（1）越没时间越想做事，把自己的焦躁转化为进步的决心。

（2）别只想or，要学着想and，人生太短，不够一件件按顺序做。

（3）放弃完美主义，多件事齐头并进，要有乱成一团的心理准备。

（4）优先用整段时间处理大问题，再用零碎时间处理小问题。

（5）早睡早起，留出自己不被别人打扰的时间。

（6）学会借助他人的力量，外包思维，用钱来买时间。

（7）别被常识偷走时间，自己生活的规矩是自己定的。

（8）利用碎片化时间，让生活更高效。

（9）别让焦虑浇灭自己的斗志，控制情绪就是节约时间。

《死时谁为你哭泣：以终为始的人生智慧》（*Who Will Cry When You Die*）的作者罗宾·夏玛（Robin S. Sharma）说："不是因为某件事很难，你才不想做，而是因为你不想做，让这件事变得很难。"这句话是吉田穗波的座右铭。

图6.6

管理时间有一个简单的秘诀：有条理地强迫自己关注那些重要的事情，抑制住做那些"紧急"和简单事情的冲动。人们天生喜欢做那些简单的事情，比如当手机响了，我们会下意识地接电话，因为这件事情看起来"紧急"，而且简单，我们能够瞬间得到满足感。但是对于那些重要的事情，我们却会拖延到以后才去做，比如去锻炼。

所以，要管理好自己的时间，要做到以下几点。

1. 优先级计划

人类很有趣，如果我们今天要去见朋友，我们通常会安排一个确定的时间跟他见面。但如果是我们自己要做什么事情的话，比如要写一篇文章或者去锻炼，我们就很不习惯安排好自己的日程和计划，我们仿佛下意识地想要避开这些事情。解决方案是想象优先级最高的事情是我们预订的一个航班，然后，对所有阻碍自己赶上航班的事情说“NO”。

2. 先做最重要的事

想象一下，对于我们来说，当下最重要的事情是什么？我们正在做这件事吗？如果没有，为什么不做呢？是不是因为“我想先做手里这些事，等这些事做完以后，再做对我来说最重要的事”？可是，当做完“手里这些事”之后，还有多少时间做“对自己最重要的事”呢？我们可能同时要做上百件事，但不可能全部做完。怎么办呢？不如用更多的时间，做更少的、更重要的事情。

3. 学会拒绝

我们都会被常识和惯性偷走时间。比如，有人找我们帮忙的时候，如果这个忙并不难，我们通常会说“好的”，这样，会显得我们很绅士、善解人意、乐于助人；当别人邀请我们的时候，我们通常惯性地接受，认为这样是给别人面子，却忘了自己其实还有更重要的事情。为什么不找一个借口或理由，对他们说“不”呢？

4. 关掉通知

现代科技已经进化到可以利用我们对紧急事情的嗜好来增加用户黏性的地步。比如，微信、微博、邮件等通知都在争先恐后地抢走我们的注意力。幸运的是，有一个简单的解决方法：关掉所有通知，等我们有时间了，或思想不集中的时候再去处理那些事情。比如，用饭后休息的时间把那些事情集中解决，这样可以节省时间，提高效率。

5. 忽略信息

有些人认为忽略别人是很粗鲁的、不道德的行为，但在时间管理上这却是相当必要的。总会有些人我们是没空搭理的。我们必须允许自己忘记一些请求。我们可以不回复某人的问题，可以忽略弹出的新闻，可以不理会某人“@所有人”之后的弹窗。这个世界是不会因为我们忽略一些事情而崩溃的。这样做，我们得到的回报是：我们完成了对我们来说真正重要的事情。

人的时间在哪里，结果就会在哪里，即把时间和精力花在某个地方，就会收获相应的东西。如果花在吃上，通常会收获身上的肉；如果花在玩上，通常会收获一段回忆；如果花在读书上，通常会收获知识和远见；如果花在工作上，通常会收获事业。问题不在于我们有没有时间，每个人每天的时间是一样的；问题在于，我们如何选择。

6.4 事情要等到规划好了再做吗

我们经常会从大型的咨询公司、MBA教育机构、各种专家教授那里学到各种关于做事情前需要谋划的理论；我们经常会在许多生活类、指导类以及励志类书籍上看到那些青年成功导师一遍又一遍地教育大家一定要做好职业生涯规划。规划固然重要，但过分强调规划只会适得其反、牵制行动。

我认识一位朋友，叫William，他曾经给我讲过一个故事。那时候，他在某大型外资家电企业的市场部做了15年，通过不断打拼和积累，他终于拥有了一定的资金、人脉和经验等与创业相关的条件，几乎到了万事俱备，只欠东风的地步。

一次回家探亲的机会让他接触了家乡市政府的几位官员，他了解到家乡周边农村的老百姓的生活已经很富足，但是农村的购物环境却发展很慢，尤其是许多农村家庭想购买大家电，都需要到市里，送货和安装都是问题。市政府有意补贴一部分家电企业来推动“家电下乡”的项目。

当知道William的情况后，几位官员向他抛出了橄榄枝，希望他能够回到家乡创业，带领家乡人实施这个项目。William觉得这是个机会，恰好自己有这么多年的行业经验，又不缺资金和人脉，还有政府的支持和补助，他觉得这件事应该能成，一激动就直接离职了，回到家乡准备开始走上这条创业之路。

可是，依照William这15年来在外资企业做事形成的思维习惯和行为模式，以及结合他在国内MBA名校学到的理论和知识，“冷静”下来的他回到老家后做的第一件事是项目建模，包括充分的市场调研、市场潜力评估、风险评估、营利能力分析、投资回报分析等大量的数据分析工作，以此判断这件事的可行性和可操作性。

经过了长达半年的思来想去和分析论证，他最后决定还是不创业了。因为在他项目建模的过程中这个商机被许多人发现了，他们立马开始做，许多靠近农村的家电卖场如雨后春笋般迅速开业。而他发现有竞争对手进入的时候，就开始重新建模和测算市场风险与收益。后来，进入这个项目的人越来越多，他的测算也越来越复杂。政府看到这个情况后，慢慢地，政策支持和补贴也减少了。

于是William得出结论：这个项目竞争太激烈，对手太多，我的想法太天真了，我目前的能力和条件还不具备成功创业的要素，需要再等等。他觉得所有的规划、测算和分析都无法证明他自己能成功，心里只有一个想法：亏了怎么办？所以，William最终没有采取任何行动，回到了原来工作的那个城市，找了份还算体面的工作，这次的创业想法以放弃而告终。

4年后，在一次回家乡赴宴时，William遇到了一位经营家电连锁生意的老板。聊天中他得知这位老板是初中学历，是从家电卖场的促销员一路做起来的，当年他正是抓住了“家电下乡”这个机遇才成长起来，现在已经有7家分店，年销售规模达到5000万元。

William很吃惊地问他：“你当初怎么决定要做这个项目的？”

这位老板回答：“就是觉得机会挺好的，政府还有补贴。”

William：“可是有那么多人做，竞争那么激励，你是怎么跟他们竞争的？”

这位老板：“我没想跟他们竞争啊，我也是农村人，我就想着怎么能给我们农村老百姓多提供一些又实惠、质量又好的家电。他们用着觉得

好，买得高兴，我卖得也高兴。”

William：“你当初没有分析市场，没有测算吗？没有……”

这位老板：“你说的那些都是什么啊？我当初大体算了算，觉得能赚钱就干了。”

类似William的人在人们日常生活和工作中是非常多的。为什么很多知识分子心中非常困惑，自己饱读诗书却要给没有学历的“土老板”打工？其中有一个重要的原因：他们拥有完美的理论却没有真正的行动，总是想太多却做太少，许多事情还没有开始行动就已宣告结束了。

规划重要，但行动更重要。许多人有很好的创意，但是因为缺乏行动力，他们美妙的设想最终成了空想。只想不做的人只能生产思想垃圾。成功是一把梯子，双手插在口袋里的人是爬不上去的。

成功没有秘诀，就是要在行动中尝试，改变，再尝试，再改变……直至成功。有的人成功了，不是因为他们的运气比我们好，而是因为他们比我们敢于行动，敢于犯错。他们犯的错误、遭受的失败越多，能力也变得越强。南宋诗人陆游说过这样一句话：“纸上得来终觉浅，绝知此事要躬行。”

计划书再完美　不去实施也等于废纸

图6.7

我在网上看到这样一个故事。

有一个美国人一直想到中国旅游，于是他打算先制订一个旅行计划。他花了几个月的时间阅读搜集来的资料——中国的艺术、历史、哲学、文化。他研究了中国各省地图，订了飞机票，并制定了一个详细的日程表。他标出他要去观光的每一个地点，每个小时去哪里都定好了。

这个美国人有个朋友知道他对这次旅行翘首以待。在他预定回国的日子之后几天，这个朋友到他家做客，问他："中国怎么样？"他答道："我猜想中国是不错的，可我没去。"他的朋友大惑不解："什么！你花了那么多时间做准备，却没有去，出什么事啦？"他回答道："我喜欢制订旅行计划，但我不愿去机场，所以待在家没去。"

不管我们的梦想多么美妙，计划多么周详，如果我们不采取任何行动的话，梦想只能是空想。正如艾青所说："梦里走了千万里，醒来还是在床头。""千里之行，始于足下"，行动是实现梦想的唯一途径。如果我们只规划、不行动，即使成功的果实就在眼前，我们也采不到。英国前首相本杰明·迪斯雷利（Benjamin Disraeli）曾说："虽然行动不一定能带来令人满意的结果，但不采取行动是绝无满意的结果可言的。"做了，就有可能成功；不做，永远不可能成功。

这个理念在个人职业生涯发展方面，也是值得借鉴的。

有"打工皇后"之称的吴士宏，她的职业生涯就是从她进入IBM公司（以下简称为IBM）开始的。当年她面试IBM的时候还是一个护士，在充分准备之后她进入了面试的最后环节，有位面试官问她："你会不会打字？"吴士宏条件反射地回答："会！"面试官又问："你打字速度有多快？"吴士宏反问："您的要求是多少呢？"面试官说了一个数字，吴士宏立即回答："我可以达到！"面试官又说："那下次要考察你打字哦。"

实际上，吴士宏从来没有用过打字机。面试结束后她就向朋友借钱买了一台打字机，疯狂地练习了一个星期，达到了IBM面试官对打字速度的要求。最后IBM一直没有考察她的打字功底，不过尽管如此，她打字功底还是为她以后的工作增加了一项技能。

我们可以想象一下，如果当年她没有当机立断地告诉面试官自己可以熟练使用打字机，而是思来想去、支支吾吾，她很可能就不会顺利进入IBM，很可能就不会有后来职场上的发展。

“先发射、再瞄准”是一种行动的智慧

图6.8

思考、准备不是坏事，但是过度的思考常常会顺理成章地成为行动的绊脚石。虽然未来仍是未知的，但即便走错路也会有满满的收获，永远不要只停留在设想上。

三思而后行，不是让我们想太多做太少。这世上有些事是我们以现在的视野所看不清楚的，必须先走两步，而且得快。因为等我们深思熟虑后，决定要干的时候，往往会发现很多刚开始存在的对我们有利的东西已经不见了，然后我们就会开始想这件事还有没有必要干，而大多数情况是我们认为时过境迁，没有行动的必要了。

发展中有问题，就在发展中解决。我们不能因为前期有问题就采取“等待”的思维，要先行动起来，在行动中找问题，找解决方法。我们要的是创造结果，不是停留在思考层面或者某些美妙的蓝图中。不完美的行动比完美的筹划更重要，一个不那么理想的结果总比没有结果强！

每次冲动留下的 都有所不同
然而有天你会懂 就是那些 让你不同
每滴眼泪挣脱后 都带走懦弱
感动总在冲动后 苦涩回忆 都会温柔
每个平凡的自我 都曾幻想过
然而大多的自我 都紧抓着 某个理由
每个渺小的理由 都困住自由
有些事情还不做 你的理由 会是什么

——五月天的歌曲《有些事现在不做一辈子都不会做了》

6.5　如何深度治疗拖延症

拖延症如同社会的瘟疫。许多人不是没有目标，也不是没有时间，而是在给自己制定目标以后，拖延症发作最终导致目标没有达成。为什么人们总乐于做那些与目标无关的事情？比如看手机、玩游戏、听音乐，等等。为什么这些事情会像毒品一样让人欲罢不能？

毒品为什么会让人上瘾？因为毒品改变了人类大脑的“快乐机制”。原本的快乐机制是用于奖励人们的生存和繁殖行为的，比如吃饭、性活动等，它让我们产生舒服的感觉。这种快乐机制通过化学语言——多巴胺来传递。

但是，毒品对大脑中快乐机制的刺激远远比人类正常活动的要快速、强烈得多。当人们习惯于这种外界持续的强刺激给自己带来的快乐时，就很难再适应由自己天然的快乐机制产生的兴奋感了。

当人们无法通过自己的行动产生感受和体验的快感时，就喜欢享受当下的一些小事情给自己带来的即时满足感。

比如，有人想考英语六级、想考研、想考博，这一定需要一个漫长的看书、学习和不断练习的过程。但人们往往会看一会儿书就忍不住拿出手机刷一刷朋友圈、聊几句微信。因为通过做这些简单无脑的事情，人们能获得即时满足感，而阅读、学习、提升自己这样的事情所带来的都是延时满足感，短时间内不会让人们收获很大的满足感，所以人们就很容易去放弃，去拖延。

人们只会沉浸在即时满足感之中

图6.9

人们会有这种天生的“短视”，喜欢即时的反馈和满足感，这是由人类生存和演化的天性造成的。几百万年前，我们的祖先还在茹毛饮血的时候，资源稀缺，吃了上顿没下顿，于是大脑持续地分泌化学物质，它们促使我们的祖先去寻找并摄入食物，热量越高越好，储存的脂肪越多越好。如果没有这种原始机制，人类很可能活不到今天。

远离了原始机制以后，我们进化出了更高级的控制单元，我们学会了计划，学会了为达成长期目标放弃短期利益。但人类大脑中的原始机制并没有消亡，它依然时刻在争夺身体的控制权，促使我们孜孜不倦地寻求即时满足感。

想想婴儿的原始生理反应，饿了就哭，不给吃的就一直哭，吃饱了就笑，这就是即时满足的反应。同样的，如果能在短时间内看到一件事的反馈（成果），人们就偏向于先做那件事。

这就是为什么学习一个小时很难，而嗑一个小时瓜子却很容易。每一个嗑瓜子的动作都是有即时回报的——相应的一粒瓜子，大脑的即时满足感很快就来了，而学习了一个小时，得不到明显的反馈或成果。

所以，为什么有人打开手机想要背单词，却鬼使神差地打开了微博和微信；为什么有人打开电脑想要看讲座，却不知不觉地看起了电影和电视剧；为什么有人晚饭吃了不少，睡前却还是管不住自己伸向零食的手；这些动作的产生都是由于大脑的那个原始机制在作怪。

那么，要如何克服呢？

简单来说，就是想办法用延时满足感来替代即时满足感。有人可能会说：“让我延时满足，是不是要一直延到死再满足？”当然不是。延时满足绝不是压抑自己的需要，而是适当地迟一些再满足，只是需要和自己的大脑做一个约定。

美国作家凯利·麦格尼格尔（Kelly McGonigal）教授在《自控力》（*The Willpower Instinct*）中提到一个方法：等待10分钟。在诱惑面前安排10分钟的等待时间，如果你10分钟之后还想要，那么你就可以拥有它，但是在这10分钟中，你应当要时刻想着长远的利益。我们可以把这个方法总结为：创造一点距离，让拒绝变得容易。

图6.10

比如，两三岁的孩子想要马上吃苹果，我们可以先不给他，不让他即时满足，让他安静一会，再给他；五六岁的孩子在商场看到玩具以后想要买，我们可以先不满足他，过一段时间再给他买……通过对孩子的欲望进行延时处理，帮助孩子延长等待满足的时间。

在学习或工作时，想玩手机之前，我们可以告诉自己："等10分钟之后再玩，如果10分钟以后还想玩，就可以玩。"但在这10分钟中，我们通常会思考玩手机对学习效率会产生什么样的影响。有了这样的思考，10分钟过后，我们一般也不会再想着拿起手机。

这个方法还可以运用到那些"我要做"但又总拖延的事情上。对于这类事情，我们可以告诉自己："先坚持做10分钟，10分钟之后如果觉得不想做，就可以放弃。"但通常只要不是自己厌恶的事情，开始做了以后我们很容易就忘了10分钟的约定，不知不觉就会做很久。

等待10分钟的方法是基于即时奖励的原理提出的。还有一种基于未来奖励这个角度，从长远利益出发提出的方法，叫作"降低延迟折扣率"。

我们的大脑习惯于给未来的回报打折，每个人打的折扣是不一样的。有人打的折扣很高，这类人对未来奖励的估值会很低，所以他们比较容易选择屈从于眼前的诱惑；而有人打的折扣会比较低，这类人对未来奖励的估值会很高，他们通常更关注未来这个更大的奖励，并耐心等待它的到来。

当我们受到诱惑并要做与长期利益相悖的事的时候，可以尝试想象一下，我们的这个行为意味着我们为了即时满足感而放弃了更好的长期奖励；想象一下我们已经得到了长期奖励，未来的我们正在享受自控的成果，然后问一问自己，愿意放弃它来换取正在诱惑我们的短暂快感吗。这个方法就是为了增加未来奖励的价值，降低延迟折扣率。

比如，我正在复习考研，不经意间想拿出手机，在玩之前，问问自己，现在玩了手机就是放弃了复习，我很可能因此考研失败，这是我想看到的吗；想象一下，未来我已经考上了理想学校和专业的研究生，被亲戚朋友夸赞和羡慕的情景；想象一下我凭借研究生的学历进入世界五百强或大型企业工作，而跟我同岁的小明同学因为是本科学历连面试的机会都没有。这个时候，我还愿意放弃那个未来继续玩手机吗？

这个方法最重要的点就是“我”对于未来的期待是怎样的。人们对未来的期待越高、越明晰，延迟折扣率就会越低，人们就越愿意放弃眼前的利益而追求更长期的利益。所以，知道自己真正想要什么非常重要。只有我们真正想要的东西才可能触发我们内心的动机，为了它，我们才有可能放弃即时奖励带来的满足感。

所谓对未来的期待，其实就是指梦想。当一个人有了梦想，他也就拥有更大的动力去坚持做那些能够帮助他实现梦想的事情，放弃或避开那些可能阻碍梦想实现的诱惑。当一个人可以清晰地知道自己想要什么并能够时刻警醒自己的时候，他就可以“以终为始”地做那些重要的事情。

6.6 是什么囚禁了我们的自由

大部分人认为的不自由指的是被关进监牢、被囚禁、身体抱恙行动不便这类身体无法随自己意志移动的状态，但是我们很难发现，思想上的不自由比身体上的不自由更可怕。即便人身在监牢，如果心在四海，那也是自由的；可即便人身在五洲，如果心被囚禁，那也是不自由的。

我有位女性朋友，外在条件等各方面都很好，嫁给一个男人，这个男人什么都好就是爱打女人。这位女性朋友过得很辛苦。朋友都劝她说：

“唉，你这么好的条件，干脆就离了吧。”谁知道她却说：“唉，有什么办法呢，也许我命中注定就这样吧！以前读书的时候，我交往的男朋友就喜欢打人，谁知道，现在嫁的男人又这样，也许真的是我命不好吧！”为什么她会这样？

有一个男孩长得比较矮小，到了青春期的时候，他开始情愫暗动。于是，他就向自己喜欢的女孩表白，可是被拒绝了。过了几年，他又喜欢上了一个女孩，又向她表白，结果又被拒绝了。他苦苦思考，最后突然好像明白了：原来身材矮小的男孩不会被人喜欢。他变得自卑，买增高药，用增高鞋垫，对身高的话题特别敏感，不敢再向女孩表白。为什么他会这样？

在很多的公司里，每次开会的时候会议室中间的主席位通常是老板坐的。但是当老板出国旅游时，所有人明知道老板不在公司，可会议室里人多得坐不下的时候，很多人宁可站着，也不会坐那个位置。为什么大家会这样？

因为信念，什么是信念？信念就是我们认为事情应该是怎么样的。比如，我的朋友向我借钱，我觉得朋友有难，帮一把是应该的，这是我作为一个朋友时产生的信念。如果是街上的一个陌生人向我借钱，我不会借给他，因为我会想：我又不认识你，凭什么要借给你钱？不借给他钱不会对我的心理产生压力。所以，同一个人在用不同的身份处理相同的情况时会有不同的信念。

我们的信念是怎么来的呢？可能来自学习。比如，小孩子在很小的时候掉进过水里，所以知道水可能会淹死人。

人们可能通过观察别人的行为得出结论。比如，我们小时候在班上看到其他同学因调皮被老师惩罚，所以总结出上课不可以调皮，不然就可能会被“修理”。人们可能通过重要人物的灌输得到信念。比如，父母会对孩子说“人最重要的就是要有上进心、有野心，将来要有出息”，如果这个孩子是男孩，长大后可能成为工作狂，如果是女孩可能会找一个工作狂男人谈恋爱。人们可能通过自己的思考来获得信念。比如前面案例里那个嫌自己身材矮小的男孩。

信念会让我们在面对同样或者类似事情的时候，大脑自动产生并调动某个方案来应对这件事情，从而不必让我们每次遇到类似的事情都需要思考，提高我们的效率。比如，有位爸爸认为孩子学习不好，就是因为孩子不认真，这是一个信念。每当这个孩子考试成绩不理想的时候，他就会责怪孩子不认真，惯性地不去想其他的原因，看不到其他的可能性。

客观地讲，孩子成绩不好，有可能是因为父母之间的关系不好，影响了孩子的生活，孩子想用成绩不好来引起父母的关注；也有可能是因为孩子不喜欢学校的老师；还有可能是因为孩子确实搞不懂这门课；同样有可能是因为孩子对这门课没兴趣。因此，没有一个信念在任何一个环境里总是有效的。

有什么样的信念就会有什么样的行为，不同的信念导致不同的人生成就。当一个信念限制我们得到更好的提升、获得更多的可能性、取得更大的收益的时候，这个信念就变成了限制性信念（Limiting Belief）。这种信念直接给予我们行为上的限制，当我们在思想上认为一件事是不可能的时，在行动上自然就不会去做，自然就不会有什么好结果。

曾经有一位叫康拉德·劳伦兹（Konrad Lorenz）的动物学家研究过鸭子的行为，他发现刚出生的小鸭子看见会移动的物体，就会把那个物体当成自己的母亲，跟着那个物体走。这个物体不一定是生物，甚至滚动着的乒乓球都会被小鸭子当成鸭妈妈！小鸭子的大脑在出生的那一刻便形成了一个限制性信念。

在印度，大象是用于搬运货物的工具。当大象不需要工作的时候，那些工人用一条很细的绳子就可以把一头接近五吨重的大象牢牢地锁在一旁。它既不挣扎，也不叫喊，只会乖乖地、安静地站着。为什么会这样？其实“答案”并不在绳子上，而是在大象的大脑中。

当大象还小的时候，训象师会用一条很粗的锁链把它套住，就是这种长期不人道的训练在它的大脑中种下了一个信念：我是不能够逃跑的。这个信念深深地烙印在它的大脑中，以至于即使在成长后，就算它可以轻而易举地把绳子扯断，它也不会尝试。

在我们每个人的成长过程中，或多或少都会有类似的“紧箍咒”把我们禁锢住。就如那只大象一样，很多限制性信念一直在无意识地影响着我们的人生。我们经常会听到有人告诉我们“你是做不到的”，而我们往往会轻易地信以为真。这些声音可能源于我们的父母、师长，也可能源于和我们比较亲密的同学、朋友，甚至源于我们自己。

图6.11

当他们告诉我们要实际一点的时候，也许本没有恶意，有的甚至有可能是发自内心的善意，但是他们的话常常会引发我们内心的恐惧与不安，使我们害怕冒险，自我设限、原地踏步，以至于生活也变得千篇一律。

比如，我们常见的限制性信念有以下几种。

1. 我没有办法

这也许是最常从人们嘴里听到的话了。因为这个信念，很多人常常被困难阻碍。人生没有一帆风顺的，我们总会遇到各种各样意想不到的困难，但拥有这个信念的人，往往相信没有办法可以解决困难。

2. 我不会成功

因为这个信念，很多人很努力地工作，但是在临门一脚时往往出现很多例如担心、害怕、忧虑等负面的情绪，结果造成事情搞得不好，甚至失败。有些人甚至不敢想象自己会成功，一味原地踏步。

3. 我太缺乏经验了

其实没有谁是生下来就有经验的，每个人都要经历一个从无经验到有经验的过程。许许多多创业成功的企业家在20岁时也是缺乏经验的，他们年轻并且有远大抱负，不会在意自己是否有经验。

4. 对我来说太晚了

褚时健76岁的时候开始种橙子，作家吴亮60岁出版自己的第一本小说。什么时候是早？什么时候是晚？还不是都是自己定义的？

5. 只有……我才会幸福

只有有钱了，我才会幸福；只有买了房，我才会幸福；只有考上名牌大学，我才会幸福。真的吗？一件事情就能决定一个人的幸福吗？幸福应该由外界的事物来掌控还是由我们自己来掌控呢？

类似的还有：工作这么忙，哪有时间学习；我不够聪明；我这人就是这样；这件事实在太难了；这是不可能做到的事情；男人就该……女人就该……如果想要事业，只能放弃家庭；做生意的没有好人，无奸不商，无商不奸；想当明星就不能胖，不能丑，不能矮，等等。

打开思想的门　试着发现不一样的世界

图6.12

怎样消除限制性信念呢？有一个非常简单又好用的“困境—改写—因果—假设—未来”五步法，以某人有“我不会游泳”这个限制性信念为例：

（1）困境：我不会游泳。这是当下待解决的问题。

（2）改写：到现在为止，我尚未学会游泳。困境中描述的不会游泳是一个死状态，没有任何改善这种状态的暗示。但是改写后，该信念表示只是暂时还没有达到这种状态，暗含一个努力的方向和一种对达成这种状态的预期。

（3）因果：因为过去我未能找到一个好老师和安排出时间，所以到现在为止，我尚未学会游泳。客观地评价、找出自己为什么还没有达成这种状态的全部原因。

（4）假设：当我找到一个好老师和安排出时间，我便可以学会游泳。在内心种下一颗希望的种子。

（5）未来：我要去找会游泳的朋友，请他们给我介绍老师，并且改变工作安排，使自己每个星期六下午都可以去上课，我将学会游泳。为了达到这种状态，要采取什么样的具体行动。

这五步完成以后，这个人就已经完全脱离“我不会游泳”这个限制性信念了。

PART 3

要怎么办呢

第7章

也许，我们从没发现过这些也许

有些人忙了一辈子，也没忙出个结果；有些人活了一辈子，也没活出个明白。也许，是因为有些核心问题我们从没有想过；也许，是因为有些不在意的事情我们从没有做过；也许，是因为我们从没有发现原来人生可以这样活；也许，是因为我们从没有发现过这些也许。

图7.1

7.1 也许，我们从没搞清楚过自己想要什么

你拥有青春的时候，就要感受它。不要虚掷你的黄金时代，不要去倾听枯燥乏味的东西，不要设法挽留无望的失败，不要把你的生命献给无知、平庸和低俗。这些都是我们时代病态的目标、虚假的理想。活着！把

你宝贵的内在生命活出来，什么都别错过。

——奥斯卡·王尔德（Oscar Wilde）

大龄的单身男女越来越多，这似乎已经成为一种社会现象。我身边恰有许多这类朋友，我问他们为什么还单身？得到的回答各不同，但核心意思却基本一致，那就是：没遇到合适的人。那么，到底什么是“合适的人”呢？

这个问题问一百个人，会得到一百种答案。即便是问同一个人，在不同的时期、不同的情境和背景下，也会得到不同的答案。所谓合适的人其实是一个无限广泛而且不断变化的概念。“没遇到合适的人”这句话，其实是一个巨大的、永远填不满的“坑”。

看起来，心智模式才是问题的根源！掉进这个“坑”的人很难跳出来，根本原因是他们搞不清楚自己想要什么、不想要什么、什么对自己来说无关紧要。

你真的知道你一直在寻找的那个人
到底什么样吗

图7.2

Dora原本是一个对物质生活要求并不高的女孩，自身的收入完全能满足自己的消费，父母也已经给她准备了一套房子，以备结婚或未来需要。

但今年已经37岁的她依旧单身，对于Dora来说，她对另一半的要求，一开始是这样的：

她要自己的男友：身高比自己高就可以，长得不需要太帅，本科以上学历，幽默一点，能够疼爱和照顾自己；

她不要自己的男友：有抽烟、喝酒、赌博等对身心有害的不良嗜好；

她觉得无关紧要的：家庭条件、工作状况、会不会做饭、关不关心环保、爱不爱小动物，等等。

可是，Dora的父母对她说："男孩子高和帅都是浮云，关键得踏实、稳重、孝顺……"七大姑八大姨对Dora说："男孩子家庭条件一定得好啊，至少得跟你们家门当户对吧，你看人家……"朋友对Dora说："你得找收入高的、帅的，你条件那么好，可不能找吃你软饭的……"同事对Dora说："男人啊，一定要绅士、要有爱心，要……"

周围各式各样的人不断地给Dora提供"建议"，不断地用他们的价值判断来影响Dora的判断，渐渐地，Dora的标准变了。

她要自己的男友：高、富、帅、聪明、幽默、绅士、孝顺、稳重、踏实、厨艺精湛、爱护环境、珍爱小动物，集韩国偶像剧炫酷男主角所有优点于一身；

她不要自己的男友：有人类能想到的任何不良嗜好；

她觉得无关紧要的：似乎没剩下几个。

符合Dora一开始预期的、"合适的"男生原本有很多，但符合Dora现在预期的、"合适的"男生可能只能到偶像剧中找。37岁的Dora，已经变得高不成低不就，于是她开始降低自己的标准，但她降低的是现在这个原本就不现实的标准。

即便后来找到"合适的"，也是降低了标准的，Dora的潜意识里永远认为：我是下嫁，其实你也不够合适，只不过是在我没办法之后的选择。即便这个人已经远远超过她一开始自己所认为的那个标准了。

如果不能客观地判断自己想要什么、不想要什么、什么对自己来说无关紧要，如果总喜欢被社会环境影响，如果标准总是变来变去，恐怕Dora将永远找不到她心中的那个"合适的"人。

希腊神话里有一个关于“戈尔迪乌姆之结”（Gordian knot）的故事，讲的是在小亚细亚的北部城市戈尔迪乌姆的神庙之中，有一辆献给宙斯的战车。在这辆战车的车轭和车辕之间，有一个用山茱萸结成的绳扣，绳扣上看不出绳头和绳尾。

几百年来，世界上许多的智者和能工巧匠都无法解开“戈尔迪乌姆之结”。后来，亚历山大大帝率军来到这里，见到了这个结。他凝视了一会儿，拿起宝剑，手起剑落，绳结开了。在场的人震惊了一会儿后，发出了雷鸣般的欢呼声。从此，“戈尔迪乌姆之结”便不复存在了。

搞清楚自己想要什么，就如同解开“戈尔迪乌姆之结”，它的重要性人所共知，但很少有人能够解开这个结。我们常见到某人知道很多道理，但诉诸行动时，结果却大相径庭。有人把这种情况解释为：想得太多，做得太少。这有一定道理，可问题似乎还是没有解决。我们究竟应该怎么做才能弄清楚自己想要什么？

有一种看起来很傻，但快速有效的“特效药”：

（1）找一张很大的白纸和一支笔。

（2）找一个安静的地方。

（3）写下此刻脑中所有想做的事情，想成为的人。

（4）接下去要写的东西是“如果我明天就要死了，我可以在死之前完成一件事让自己变得有价值，我希望这件事是什么”这个问题的答案。检查之前写下的想做的事情是否符合这个答案。如果没有，继续写，不要漏过任何一个想法。

（5）重复第四步，直到有想哭的感觉，哭出来更好。我们可以骗别人，但我们骗不了此时此刻的自己。如果我们为一件事或一个目标感动得流泪的话，那就是它了！

这种“特效药”可以帮助我们快速地摆脱那些我们原以为是自己人生目标其实不见得的东西。人生目标或者说自己想要什么这个问题的答案没有优劣之分，人与人大不相同，适合自己的才是最好的。

印度著名的哲学家吉杜·克里希那穆提（Jiddu krishnamurti）在《一生的学习》（*Education and the Significance of Life*）这本书里说："无知的人并不是没有学问的人，而是不明白自己的人。了解是由自我认识而来，而自我认识是一个人明白他自己的整个心理过程。为此，我们需要成为一个'独立'的人。"

所谓的独立，包括经济独立和思想独立。不少人以为弄清楚自己想要什么只靠思考就能找到答案。其实如果无法做到在经济和思想上独立，那我们将很难有勇气去直面、探索自己内心深处的需求。经济独立不是指财务自由，它是指我们需要达到自己能够养活自己，不需要靠别人的施舍和帮助的程度。在当今的中国，实现这一点并不难，难在做到在思想上独立。

独立思考首先要open your mind

图7.3

生活在中国社会文化中的我们社交压力非常大，我们难免要受父母的影响、七大姑八大姨的影响、远亲近邻的影响、同事朋友的影响。他们会告诉我们许多"社会的规范""人类的共识"，想尽一切办法让我们远离真正的自己，成为他们认为的我们。

人想要什么，是通过在自己的成长过程中不断探索得知的，而不应靠别人来告知，更不是靠效仿别人。现实中没人有《大话西游》中白晶晶和紫霞仙子的法术，能钻进至尊宝的"椰子心"里去探究答案。我们必须直面自己的内心，才能逐渐接近和找到内心最真实的答案。

通过独立思考，我们能知道自己想要什么，更能明白自己讨厌什么。这不是指日常生活层面的吃什么饭菜、喝什么饮料之类的讨厌，而是指价值观层面的不喜欢，比如金钱至上、不择手段等。明确了我们内心深处的价值观之后，我们的需要往往会迅速呈现出来。

比如我们容忍不了自己的颓废，容忍不了每天的一成不变；比如我们容忍不了僵化古板的工作氛围，感觉像是被困在茧中，不逃离就会被憋死，这些都会令我们迅速发现内心真正的需求。

搞清楚自己想要什么的过程是我们走向独立和自我完善的过程，是我们走出舒适区、挑战自己的过程，也是我们养成新的思维方式、处事习惯、找到自我的过程。

7.2　也许，我们从没搞明白过自己在做什么

以下是某咨询顾问与某公司财务部会计的一段对话。

问："您知道自己在做什么吗？"

答："这是什么问题？我当然知道了，我在核对财务单据呢！"

问："您核对这些财务单据是为了什么呢？"

答："真有意思，这是领导让我做的呀！"

问："您知道领导为什么让您做这个吗？"

答："谁知道呢，领导让做啥我就做啥呗。"

问："您为什么不想了解一下自己在做的这项工作是什么目的，为了达成什么结果，实现什么目标呢？"

答："嗯……这我还真没想过……"

问："您在这个岗位做了多久？一年中有多长时间用来做核对单据这项工作？"

答："做了三年了，平均每个月有一周多的时间是做这个。"

问："您准备什么时候搞清楚做这项工作到底是为了什么？"

答："搞不搞清楚有那么重要吗？领导让我做什么我就做什么呗。"

…………

这容易让人联想起网上流传的两段对话，第一段是某人与一个放牛娃的对话。

问：“你为什么放牛？”
答：“放牛是为了娶媳妇啊。”
问：“娶媳妇是为了什么？”
答：“娶媳妇是为了生娃啊。”
问：“那生娃是为了什么呢？”
答：“生娃是为了放牛啊。”
…………

第二段是某人与一个在贵族学校上学的娃的对话。

问：“你为什么上贵族学校啊？”
答：“为了继承我爹的产业呗。”
问：“继承你爹的产业是为了什么？”
答：“为了讨N个老婆！”
问：“为什么要讨N个老婆呢？”
答：“为了生N多娃！”
问：“为什么要生N多娃呢？”
答：“为了让他们继承我的产业呗！”
…………

不论是放牛娃还是贵族娃，他们都像是在一个上帝设计好的“局”里。在这个“局”里，他们随波逐流、不明所以，从来不去想自己到底在做什么。那么，这个“局”是怎么形成的呢？

这要从一个名词——“别人家的孩子”说起。我们都是被别人家的孩子害惨的人！别人家的孩子这种生物非常听父母的话，不玩游戏，不看漫画，不上网；他们天天就知道学习，回回考年级第一；他们能考上硕士、博士、“圣斗士”；他们琴棋书画样样精通，甚至会刀枪剑戟斧钺钩叉；他们是团员、党员、公务员，还知道地球为什么这么圆。

小的时候，别人家的孩子在父母的口中总是那么完美，他们总是拥有所有的优点，让我们在讨厌他们的同时也顺带鄙视自己。

有意思的是，别人家的孩子不但没有把我们推向成功，反而把大部分人拉向平庸。

“看看人家上的大学！看看人家找的工作！看看人家找的那个女朋友！看看人家已经结婚成家！看看人家生的孩子！”

图7.4

许多父母期望自己的孩子能上大学，他们认为上大学是为了找好工作，找好工作是为了赚钱，赚钱是为了结婚成家，结婚是为了生孩子，生孩子是为了供孩子上大学，上大学是为了找好工作……最终使自己的孩子像这个世上的许多普通人一样，成为社会运行中的那个小齿轮。

没有了朝气和爱好的他们被成功地塑造成了一个个没有灵魂的上班族，每天不情愿地起床，不情愿地去公司，不情愿地打卡，不情愿地工作；工作应付差事，平时虎头蛇尾；没有计划，没有目标，没有追求，没有反思。最令他们郁闷的时候就是月底发工资，看到才那么一点，想想还不如

换个地方。换了第2家公司、第3家公司、第N家公司，他们还是不断重复着相同的故事。

于是，他们好像悟出了人生真谛一般，开始感叹：唉，原来人生就是这样啊。于是，他们把子女也打造成了自己的样子。于是，他们的子女也跟他们一样把自己的子女打造成了自己的样子。这样的人生逻辑与前面的放牛娃又有什么区别呢？

人生真的是这样吗？为什么有人却能过不一样的人生呢？问题在哪里呢？

问题在于许多人只是把工作定位成人生糊口的工具。

彼得·德鲁克（Peter F. Drucker）说："价值不能从自身寻找，它应存在于外部。"就像一个企业，衡量它的价值应看它满足了顾客什么需求，它给社会做了什么贡献、带来了什么价值。于价值而言，自身给不出任何正确的答案。

如果从未思考过人生的价值，那么人生轨迹很可能就会成为放牛娃逻辑"放牛—娶媳妇—生娃—放牛"的另一个现实版本了。

其实，不管面对多么复杂的问题、多么事务性的工作、多么无趣的人生，只要遵循大处着眼，小处着手的原则，我们很快就能梳理出一条清晰的思路。我们不妨检视一下自己的人生价值：我们能为别人创造什么？能为他人创造的愈多，我们的人生价值愈大。所谓的人生价值不仅仅指创造金钱或其他物质，还包括思想、理念、知识、技能、关心、关怀、关爱，等等。所有有形的、无形的，只要有益的、有建设性的东西，都可以成为人生价值。

7.3 也许，我们的问题不是不勤奋，是只知道勤奋

你有没有过这样的疑问：为什么同样的起点、同样的背景、同样的努力，有些人的成长、成就、财富积累却比我们大很多？

成功学大师告诉我们，这是因为我们还不够勤奋。奇怪的是，如果勤奋就够了的话，那么那些在富士康生产流水线上辛勤工作的女工们，那些为城市绿化清洁起早贪黑的环卫工人们，那些山西煤矿上放下生死任劳任怨的矿工们，才应该是社会顶层的人。我绝非歧视劳动人民，我也是劳动

人民。工作无贵贱，只是分工不同。但事情显然不像许多人认为的那样：想要拥有更好的生活，只要勤奋就行了。

在山东省威海市，有这样一个80后创业者，他本人是学旅游管理的，从没在企业里做过一天HR，却利用8年时间建立了包含山东半岛近万人的HR社群，增加了半岛地区HR之间的学习和交流，提高了半岛地区企业整体的人力资源管理水平。

他建立立威海在么管理咨询有限公司，创办威海市企业人力资源管理师学习班，开办威海市人力资源管理专业公开课，举办威海市规模最大的人力资源管理者年会等系列行业活动，创办半岛标杆企业经理人沙龙，创办威海市人力资源管理在线学习平台（在么网），等等。他把自己的公司定位在“组织者”和“链接者”的角色。

为什么一个与HR毫不相干的人能够做成这些事？因为他除了拥有勤奋的品质之外，还知道变通，懂得借助外力，懂得使用人脉杠杆。

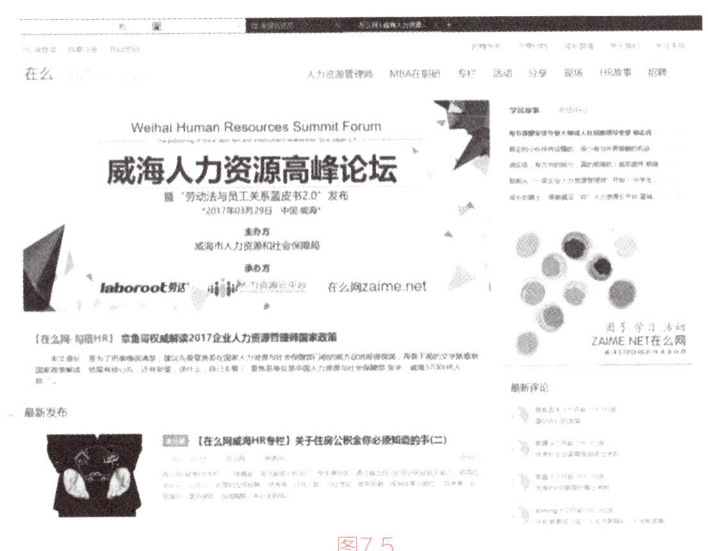

图7.5

当有一个目标要达成的时候，一类人想到的是我要怎么通过自身的努力、自我良好的控制来达成这个目标，这是典型的“向内求思维”。而还有一类人除了想怎么向内求之外，还会想：能不能借助外力，能不能使用杠杆？他们有一个共同的特点，就是拥有“向外求思维”。

有时候我们的问题是只知道勤奋

图7.6

内在的能量再强大，与整个外在世界的资源相比，也是渺小的。显然，要做成一件事，光靠自己的努力是远远不够的。不懂如何借力，累死也没用。

比如，某人发现自己总是管不住自己，于是给自己制定了一个年度目标：一年读40本关于自我管理的书。虽然书是外部事物，但这种思维的本质还是典型的“向内求”。他的逻辑是：因为我的自我管理能力差，所以我想通过一年读40本书来提升自我管理能力。这其中暗含着一个逻辑漏洞：读书本身也是一件很辛苦的事情，一个自我管理能力差的人，能坚持一年读40本书吗？显然，这个目标最终被实现的可能性很小。

有没有其他办法呢？

有！比如，可以把年度目标改为：参加读书沙龙，并在沙龙上分享40本书。这已经开始把纯粹的向内求思维转成向外求思维。参加读书沙龙，通过社群给自己压力，社群里的人会期待和监督自己，分享的过程会产生沟通和交流。通过“输出”来倒逼“输入”，目标不仅更容易实现，而且实现的效果会更好。

还有别的方法吗？

有！比如，可以把年度目标改为：找到自我管理方面的专家，拜他为师、向他学习。所谓的专家必定花费过大量的时间在这件事情上，很可能看过大量的书籍资料，走过许多的弯路，提炼过诸多的核心观点，帮助过许多拥有类似问题的人。

总之，提出具体问题，直接向他取经，可以更有针对性地探讨问题，更有条理性地分析问题，更加全面地解决问题，这是在更进一步地进行借力。愚公能移得了山，也不是全靠自己的蛮力，是他的精神感动了天神，天神帮助他后他的目标才得以实现。

还有没有更好的方法呢？

有！比如，可以把年度目标改为：成为自我管理方面的专家。这个目标显然难一些，但达成后能使价值倍增。要实现这个目标，可能需要不断地学习＋通过沙龙分享N本书+不断地找到自我管理方面的专家拜师学艺+不断地加入各种圈子和找到资源继续学习+不断地提炼总结自我管理的核心知识+不断地尝试帮助自我管理有问题的人+……

因为他自己本来在自我管理方面存在缺陷，所以更容易搞清楚问题的起源并抓住痛点；因为有切身的尝试和感受，所以更容易知道哪些理论是“真鸡汤”，哪些是“假鸡汤”，哪些是“解药”，哪些是“毒药”。这个层面是更有智慧地借力，是借自己之力+借外界之力。

阿基米德（Archimedes）说：“给我一个支点，我可以撬起地球。”

懂得借力　或许你可以撬起整个世界

图7.7

利用杠杆，效率倍增，“边界”也会越来越广。

在日常生活中，杠杆可能在金融资本市场中出现的次数比较多。比如，有一种可以利用1%～10%的保证金，进行10～100倍额度交易的规则，这种规则就是金融杠杆的一种。但这类金融杠杆在拥有高收益可能性的同时也伴随着高风险。所以，我们在使用杠杆撬地球时，要么撬起了地球，要么被地球撬上天后摔死。

只要有负债，公司就会有财务杠杆。投资者有时候会根据上市公司的财务杠杆系数来判断其经营状况和股票价值，我们可以称这类杠杆为“风险杠杆”。有人错误地认为“杠杆越大，风险越大”。实际上杠杆是一种让你用较少的资源实现较大目标的工具，杠杆本身与风险无关，巧用杠杆反而会降低风险。

曾经有个人就利用竞争杠杆，空手主办奥运会。

奥运会可以说是当今世界上最权威、最负盛名的体育赛事。按照常理，一个国家如果能够获得奥运会的主办权，会拉动内需，消费市场会迅速膨胀，且会吸引大量国内外游客，促进旅游业的发展。同时，由于奥运经济而形成的巨大商机将吸引众多投资者前来寻求合作机会，形成巨大的投资市场，因此，理论上，奥运会的举办会给主办国带来财富。

然而，之前有许多届奥运会都曾给主办国带来巨额的亏损。我们来看这样一组数据：1972年慕尼黑奥运会花费10亿美元，亏损6亿美元；1976年蒙特利尔奥运会花费20亿美元，亏损10亿美元，市政府接近破产，让300万居民背上了20年才能还清的债务；1980年莫斯科奥运会更是花费了90亿美元而毫无盈利。

连续三届奥运会都是巨额亏损，自那以后，没人愿意接手这门赔钱的生意，所以1984年的第23届奥运会只有美国洛杉矶一个城市申请，它自然就中标了。可这一次，美国政府和洛杉矶市政府不仅没有投入一分钱，反而赚了2.5亿美元，直接促进地方服务业的收入高达35亿美元。

这一奇迹的创造者是美国第一旅游公司副董事长彼得·尤伯罗斯（Peter Ueberroth）。1979年，尤伯罗斯接到美国洛杉矶第23届奥运会筹备小组邀请，就任组委会主席。

尽管连续三届奥运会都在赔钱，面对“一穷二白”的局面，尤伯罗斯还是非常敏锐地嗅到了奥运会本身具备的价值，他决定把私企赞助作为经费的主要来源。他规定，在这届奥运会上，每个行业只选定一家赞助商，而且要把赞助商的数量限定在30家以内，在做精的同时，也以此刺激赞助商抬高竞标价格。

尤伯罗斯设定了一个最低赞助限额——500万美元。门槛提上来，资金也就进来了。他对每一项合同的谈判都非常重视，亲力亲为，运用他卓越的推销才能，挑起了赞助商间的同业竞争。

可口可乐为了打败百事可乐豪掷1260万美元赞助费；日本富士胶卷为了挑战柯达行业老大的地位开出700万美元的价格；在汽车行业，通用与丰田，彼此竭尽全力角逐“唯一”的赞助权……这届洛杉矶奥运会总共筹得了3.85亿美元的赞助费，是传统做法的几百倍。

然后他开始做电视转播权这门生意。尤伯罗斯规定，有意参加竞标的电视公司首先需要交纳75万美元的保证金，美国五大电视公司为了获得电视转播权，乖乖地将保证金奉上。最终，美国广播公司（ABC）以2.25亿美元中标。之后，尤伯罗斯用同样的方法将海外实况转播权卖了出去。他以7000万美元的价格把奥运会的海外实况转播权卖给了澳大利亚等国家。在卖电视转播权这一项上，他为组委会筹到了2.8亿美元。

一般的火炬传递都是由社会名人和杰出运动员完成，这也只是为了吸引更多的人士参与奥运会。尤伯罗斯认为其他人一定也渴望得到这个机会。于是，他展开他的商业路演：任何人交3000美元，都可获得举火炬跑一公里的资格。为获得这个资格，人们抢着去排队。在这一项上他又筹集了4500万美元。

尤伯罗斯利用各个环节挑起竞争，刺激各界人士抢着掏腰包，这使得这届奥运会的总收入达到了8.19亿美元，最终盈利2.5亿美元。此外，他还带动当地旅馆、饭店、商店等服务机构盈利，增加的额外收入高达35亿美元，结束了奥运会赔钱的历史。

从此以后，各主办国纷纷效仿他的做法，1988年的汉城奥运会盈利4.97亿美元；1992年的巴塞罗那奥运会盈利4000万美元，创造了260亿美元的经济效益；1996年的亚特兰大奥运会盈利1000万美元，创造了50亿美元的经济效益……尤伯罗斯开创了奥运会的商业化运营模式，他导演了20世纪全球最成功的商业案例，他被称为“奥林匹克商业化之父”。

大到举办奥运会，小到做生意，利用现有资源，巧妙运用杠杆都是有效的。

某人想在自己所在的镇上开一家小吃店，但他从来没做过这个行业，仅有之前他养猪攒下的10万元积蓄。他原来的经营模式是买豆子做淀粉，把淀粉供应给城里的若干家小吃店，这些小吃店用他供应的淀粉做小吃，他则用淀粉渣喂猪。

他选择了一家淀粉购买量最大的小吃店，找到这家店的老板说："我想开一家跟你一样的店，但是我没有经验，我想拜你为师并和你合作。你看这样行不行，我免费给你打工3个月，但是你必须让我尽可能地了解和学习你们店做小吃的各方面知识，然后我再出来开自己的小吃店。当然，我一定会选择在别的地方开店，绝对不跟你形成竞争。我还想请你做我的师父，指导我开好这家小吃店。作为回报，我第一年赚到的钱的一半归你，以后每年给你一部分咨询费，怎么样？"

那家小吃店的老板想：我这家店生意这么好，反正我也没有精力开分店，这种方式我没任何损失还会多一笔收益，助人又利己，何乐不为呢！

后来，他的小吃店开业后果然非常成功，又陆续开了许多分店，成为当地比较有名的一个连锁小吃品牌。

用自己之前的人脉资源找到那位小吃店的老板，是"人脉杠杆"；用小吃店老板的知识资源实现自己开店的目标，是"知识杠杆"；用自己店未来的预期收益作为对老板提供知识经验的激励手段，是"财务杠杆"。他利用各类杠杆，降低了自己没有经验的风险，大大增加了自己创业成功的概率。

小提示：一个拥有500名员工的公司，如果打卡机只有记录数据的功能，每个月核对考勤和计算工资的工作至少需要1个人来做。规模到5000名员工的时候呢，要找10个来做？到50000名员工呢，要找100个人来做？一切能借助电脑和系统来做的事情，何必用人来做？

7.4 也许，人都是被逼出来的

哭的时候没人哄，我们学会了坚强；怕的时候没人陪，我们学会了勇敢；烦的时候没人问，我们学会了承受；累的时候没人关心，我们学会了自立。就这样，我们在被逼无奈之下，找到了自己。人，也许都是被逼出来的。

人 也许都是被逼出来的

图7.8

1. 素质是被逼出来的

每逢日本地震、海啸，或者发生火灾时，网上都会有人讨论日本人的国民素质如何高，但是对日本人为什么素质高却少有人深究。看看日本的法律，我们就明白为什么日本人素质高了：

（1）插队。根据《日本国轻犯罪法》的第一条第13号的规定，排队加塞根据情节轻重，将被处以100万日元以下罚款甚至拘留24小时。

（2）打架。《日本公共安全法》规定，无论什么原因，通过暴力的手段进行个人对决的行为都违反了“决斗罪”，将被处以6个月以上、2年以下的有期徒刑。这就是很多人来日本多年都没见过街上有人打架的原因之一。

（3）在公园吐痰。《日本国轻犯罪法》规定，在公园或其他公共场所吐痰，将被处以1000日元以上、10000日元以下的罚款，并且会记录在个人的犯罪前科上。是的，吐口痰被抓现行的话，你就有了犯罪前科！更恐怖的是，这只会在你的个人档案中“犯罪前科”一栏里写上一个“有”字，而不会注明你是因为偷窃杀人，还是仅仅因为在公园吐了一口痰！

（4）不按规定时间投放垃圾。日本一些区政府实行的垃圾分类管理条例有明确的说明：星期一扔可燃，星期二扔不可燃，星期三扔瓶罐类……根据《日本国废弃物处理法》规定，非法投放垃圾者，情节严重的，可以处以5年以下监禁外加1000万日元以下罚款。

（5）昧下多找的零钱。在日本，如果你发现找零找多了，一声不吭昧下多找的零钱的话，将会违反日本民法中的“欺诈罪”，根据情节处以罚款甚至监禁。

（6）酒驾。将酒驾归类到刑事犯罪中的《日本国道路交通法》规定：饮酒驾驶将被吊销驾照，并处以10年以下有期徒刑，外加100万日元以下罚款，同时3年以上、10年以下无法再取得驾照。

（7）劝酒。如果你喜欢喝酒，那么劝酒这一套千万别带来日本。因为日本《防止醉酒扰乱治安法》第二条规定，强制劝酒将被处以48小时以下监禁，10000日元以下罚款的处罚；如被劝酒者酒驾或因酒肇事，劝酒者同罪。

所以不要相信“素质高是天然拥有的”这种话，人性的本质没有太大差别，最后结果不同与环境有很大关系。

2. 能力是被逼出来的

有个叫赵伟的人，22岁的时候被一个美籍华裔商人以入股的名义骗走了30万元后，只身一人跑到美国洛杉矶追债，不料再次被骗，一度沦为流浪汉。可是，原本连一句英语都不会讲的他，却凭借坚强的意志，成为一个专门帮助受骗者追债的私家侦探公司的老板，而且有了众多的加盟者。他的经历被媒体曝光后，引起了电影制片人的兴趣，最终中国、美国、加拿大三方合拍了这位中国农民的故事。

赵伟是中国山西省关原头村人，1996年时，他是一名农村治安管理员。一个偶然的机会，他结识了自称某国际贸易公司总裁的南加州商人冯某。有一次，冯某称资金困难找赵伟借钱，赵伟非常仗义，找了几个朋友帮忙，借给冯某30万元。可是，冯某拿了钱回到美国后音讯全无。

1996年11月，赵伟独自来到陌生的美国讨债。当赵伟好不容易找到冯某时，发现他不过是一个输得精光的赌徒。赵伟追着冯某不放，冯某只能到处借钱，终于凑够了30万元。这时，冯某提出需要找一位第三者作证，才能把钱还给赵伟。善良的赵伟觉得有道理，就答应了冯某。于是，他们找到了毛某，并决定把欠款先打到毛某的账户上。

可谁知，毛某在收到钱后也携款潜逃，赵伟再一次被骗。独在异乡、身无分文的他变成了一个食不果腹、露宿街头的流浪汉。刚来美国的时候，他连一句完整的英语也不会说。为了生存下去，他通过看电视、查字典拼命学英语。

1999年，他到了一家老板是韩裔的侦探所打工，经过多年的拼搏，他有了私家侦探执照，并在2002年开办了自己的侦探公司。赵伟的公司如今已经调查办理了无数件诈骗案，他终于圆了自己的事业梦，还帮助别人使他们免遭欺骗。

一个原本普普通通的农民，凭借一腔热血和顽强执着的精神，在生活强大的压力之下，被逼出了一身的本领。他不仅在逆境中坚持了下来，还在异乡开办了自己的公司。

3. 幸福是被逼出来的

有一部根据真实事件改编的经典励志电影《当幸福来敲门》（*The Pursuit of Happiness*），讲的是一位穷困潦倒的单亲爸爸Chris，因事业失败无家可归，却还得担起抚养儿子的重担的故事。为了儿子的未来，他重新振作，终于皇天不负有心人，他得到了自己的幸福。他始终相信：只要今天够努力，明天幸福就会来临。

故事中的Chris：

不得不提着40多磅重的医疗仪器四处奔走推销；

不得不时时挂念着自己5岁的儿子；

不得不义务粉墙，只因交不上房租；

不得不在警察局里过夜，只因没钱交汽车罚单；

不得不抱着儿子在厕所过夜，只因无处可去；

不得不在下班后狂奔，只为排队获得进收容所的机会；

不得不无薪水地全力以赴实习4个月，哪怕不确定自己是否会被录用；

不得不在被车撞丢一只鞋子后，立刻爬起来跑回去工作。

观众们也不得不跟着Chris的节奏喘不过气，没有时间三心二意……

在经历了这么多的“不得不”之后，最终Chris在获得工作机会的那一刻感到了莫大的幸福。这幸福是被“逼”出来的！

有时候正是在被逼无奈之下
才发现属于自己的那扇门

图7.9

不少的书籍和培训课程在教人们如何管理自己的时间，如何做到要事第一，如何集中精力，如何做出抉择。也许，那些方法、规则或技巧可以管一时之用，但时间一长，我们便会以各种理由松懈。也许，最有效的方法是：逼自己，逼到自己无路可退，那时，我们无法选择，不得不做好当下事。我们需要常常假想自己是一头羚羊，身后有一头狮子在追。

当然，一定的压力能激发人的潜能，但过大的压力往往会压得人喘不过气来。此时，我们要强迫自己冷静下来，想出行之有效的方法去应对，而不是怒不可遏，牢骚满腹。只要自己的“心”不死，没有爬不过去的火焰山，没有渡不过去的太平洋。一剪寒梅，怒放自己的生命，不是因为春天，而是缘于自身的坚强。

每个人都是有潜力的，生于忧患，死于安乐。所以，当面对压力的时候，不要焦躁，也许这只是生活对我们的一点小考验，相信自己能处理好一切，逼急了好汉可以上梁山，时势造英雄，穷则思变，只有在压力下人才会有动力！

当犀利尖锐的生活折磨着贫寒的人们，他们卑微了一时，却收获了影响一生的坚韧与顽强；而温室的长久安逸，却惰化了他们的认知。

如果没人逼我们呢？我们是不是要沉溺于这相安无事的晴朗里？

7.5 也许，我们从没发现过自己的骄傲

该如何理解“骄傲”这个词呢？

有人说：“骄傲是在某个地方取得一定成就后的自我膨胀。”
有人说：“骄傲是在某个领域取得一定建树后的自以为是。”
有人说：“骄傲是在某个方面比别人优越后的到处炫耀。”

这些都对。

如果我们问自己，我是一个骄傲的人吗？绝大多数人的回答会是否定的。许多人只有在做出跟童话故事《龟兔赛跑》中兔子一样的离谱行为的时候，才会意识到自己的骄傲。

接下来，再问自己，我有导师吗？

不是那种为了完成毕业论文必须要选择的大学老师或教授；不是那种教我们如何追韩剧、逛淘宝、选衣服的时尚达人；也不是那种教我们一些生活常识、两性关系、烹饪技巧的生活专家。导师是那种在我们的职业或事业领域内具有前瞻思维，能够启发我们的智慧，可以督促、引导、帮助我们在相应的人生阶段少走弯路，加速取得相应成就的人。

有吗？

如果没有，那么我们的潜台词就是：在我的那个领域，我已经是最牛的一个了，我已经不需要任何人的指导了。

这，不是一种骄傲吗？

电视剧《欢乐颂》里的曲筱绡为了得到GI品牌的代理权，用各种死缠烂打的方式求邻居安迪的帮助，在安迪一次又一次的帮助之下，她披荆斩棘，事业做得风生水起。所以，在职业或事业上，如果有一位好的前辈哪怕能提点我们那么一点点，也许就能给我们带来巨大的转折。与其摸着石头过河，不如花点心思，找一个好的引路人带我们过河。

美国有一项研究发现，在职场上拥有导师的白领，平均薪资是没有导

师的人的1.5倍。

我们很难发现自己内心的骄傲

图7.10

企业领导咨询服务公司海德思哲国际咨询公司（Heidrick & Struggles）的资深主席Gerry Roche说："新媒体的发展，让人与人的关系浅碟化、虚拟化，如果在现实世界中能有一位比你位阶更高的导师亲自指导你，你一定比别人更具职场竞争力。有句话说得好，'获得一件东西最快的方法是帮别人得到它，学会一项本领最快的方法是教会别人'。没错，一段良善的师徒关系对你们彼此都有益。"

读万卷书不如行万里路，行万里路不如阅人无数，阅人无数不如贵人相助，贵人相助不如高人指路。导师通常能够以旁观者的角度分析我们的工作或事业，帮助我们把握全局。他可以和我们谈论务虚的、形而上学的话题，也可以跟我们谈论务实的、具体的解决方案。

他让我们在忙碌中也能始终认清工作或事业的目标和方向。作为过来人，导师很可能将提醒我们会遇到的陷阱。这样的提醒也许无法完全避免我们走一些弯路，但会让我们更快地领悟错误中的教训，从而更有效率地总结出一套适合自己的方法。

人和人之间的差异决定了有的人能够获得一定的成就而有的人不能，这种差异，除了是外在硬件资源的不同外，比如家庭出身、经济条件、社会地位及人际关系等，还有一个非常重要的自身因素——世界观。

世界是美好纯真的，世界也是充满了残酷和谎言的。许多人一生都没能真正认识这个世界，而相对成功的人，对于世界的运行规律、人际关系等，通常会有真实而深刻的认知，能够悟出更多的道理，这是他们获得成功的原因和结果。

如果我们能找到一位人生导师，那么他会向我们展示一部分真实的世界观。他所展示的世界观不一定全对，但是比我们原来的世界观更有可参考和借鉴之处。尽快理解这个世界，然后依据我们的认知去努力，是否能做到这一点是决定我们生命中前进步伐快慢的最重要的内因。

人生导师将给你带来有益的智慧

图7.11

什么样的导师是我们需要的？

1. 一个能给我们指明方向的人

能给我们指明方向的人是指那些拥有杰出的，并能像北极星一样指点我们、帮助我们的人。他们通常具备较强的前瞻思维，并能够给我们比较明确的目标和方向。有时候我们也可以把成为他们，作为自己努力的目标。

当然，杰出的人并不是指一路上一帆风顺，一次波动都没经历过的天才引路人，实际上这种人并不一定能给我们引路，因为他们自己很少真正面对挑战和失败。最好的导师是面临过许多的挑战和失败并克服了的人，这种人对我们的帮助最大。

理想的导师最好是在职业或事业轨迹上领先我们3到7年的前辈。这样的时间距离既可以保证导师提供给我们的建议具有足够的前瞻性，好让我们提前做好准备，又不至于过分超前而脱离实际。

同时，我们也可以考虑选择那些与我们的职业或事业发展稍有不同的人来做我们的导师。目的是确保我们的思维模式有所不同，使我们现有的思维

框架有可能得到导师足够的挑战，同时也为我们带来一些看待事情的新角度。

2. 一个能启发我们智慧的人

能启发我们智慧的导师通常是既聪明又阅历丰富的思想家，当我们不知道要怎样面对一个巨大的挑战时，他可以帮助我们思考得更透彻。他就像是苏格拉底一样的智者，通常不会告诉我们怎样行动，不直接给出答案，而是不断地问问题，帮助或告诉我们怎样去思考。

有些导师错误地以为讲述自己当年的故事就是对学生最有效的帮助。也许有时会有帮助，但大多数情况下，导师所经历的事情并不能为学生提供有针对性的帮助。假如我们心目中的导师人选经常以“想当年我怎样怎样”开始他的发言，我们最好谨慎地考虑一下是否希望他成为我们的导师。因为和这样的人会面，即使我们带着非常明确的问题去，往往也会演变成一场以他为主角的故事会，对我们起不到多少有针对性的帮助。

另外，如果有人喜欢以“如果我是你，我会如何如何”的方式谈话，我们也要小心，因为这并不代表他能够站在我们的立场上帮我们解决问题。毕竟，他是他，我是我，他不是我，我也不是他。他有多了解我，有多懂我，有多觉得他就是我，他都不能成为我。所谓的“如果我是你”，其实还是“我会如何”，而不是“你应如何”。

3. 一个能给出消极和积极两种不同反馈的人

我们选择的导师一定在某些方面被我们所敬佩，在某种程度上是我们的榜样。这种情感上的认同使我们很容易处于皮格马利翁效应（Pygmalion Effect）之中。皮格马利翁效应是指人的情感和观念会不同程度地受到别人下意识的影响，这个别人要是自己喜欢、钦佩、信任和崇拜的人，人会不自觉地接受这种人的影响和暗示。

注意我们心目中导师人选平常的言行，也许他确实在业务上有过人之处，但是我们要考虑，他是否能够以积极和消极两个方面的反馈给我们帮助。只会说“干得好”的导师不一定是一位好导师；同样，只会说“孩子，别那么做”的导师也不一定会对我们有太大帮助。我们需要的导师，是能给出积极和消极两种不同反馈的人。

4. 一个能鞭策我们成长，而不是总保护我们的人

一个鞭策我们成长的人是能够推着我们向前走的人，他们总是在质询、挑战我们的现状，把我们从自信满满的状态中摇醒，并督促我们考虑和规划未来。

寻找导师的目的是让自己更强大，而不是把自己变成温室里的花朵。失败本身是成功的一部分，失败最能锻炼人。如果有一个人总是能够防止我们犯错误，那他不会使我们更"强壮"，反而会使我们变得"无力"。当有一天我们需要靠自己的时候，要怎么办呢？

我们要找的应该是一位能够启发我们找到问题根源的导师，而不是事事替我们摆平的靠山。好的导师把训练我们解决问题的能力放在首位，而把我们所面临的问题本身放在较为次要的位置上，这就是"授人以鱼不如授人以渔"的道理。

因此，虽然一位喜欢大包大揽的导师可以让我们轻松不少，但是为了我们个人的成长，我们更应该寻找一位善于利用循序渐进的提问帮助我们梳理思路，把我们引向问题根源的导师。

7.6　也许，有些事情急不来

时下，是一个除了死，什么都追求快的时代。我们的生活在不断地提速，人们凡事都追求立竿见影，如饮食"快餐化"、阅读"快餐化"，连感情也"快餐化"。"时间就是金钱，效率就是生命"已经演变为一种普世的价值观，我们不自觉地迈入了"加急时代"。

我们急于走路，全然不管红绿灯；
我们急于开车，前面稍有停顿就猛按喇叭；
我们急于回家，飞机还没停稳就打开手机和行李架；
我们急于治病，大把吃消炎药、疯狂打点滴；
我们急于沟通，走路、吃饭、开车随时随地都在玩手机；
我们急于办事，小事想插队，大事走后门；

我们急于建设，不顾质量，多快好省地赶工期；

我们急于幸福，相亲只谈经济不谈感情，结婚最好要有现车现房；

我们急于发财，每天想着一夜暴富、财务自由；

…………

两颗种子，在秋天落下。一颗迫不及待地发芽，另一颗则静静地等待。冬天，寒风凛冽，暴雪虐狂，寒冷把生命扼杀，大地陷入了沉睡。春天的到来使大地苏醒，等待的种子在春雨和阳光下欣喜地发芽。它发现，它那提前发芽的伙伴没有熬过残酷的冬天。

急于求成 往往也会摔得很惨

图7.12

有时候，等待并不是消极，也不是胆小懦弱，而是一种“恰到好处”的智慧。如果不等春天便发芽，那么结果可能就是熬不过寒冷的冬天。知识需要储备，经验需要积累，机会需要等待，我们急不来。

有时候，我们不需要急着向生活要答案，有时候，我们要做的只是拿出耐心来等待。即便我们向空谷喊话，也要等一会儿，才会听见绵长的回音。生活总会给出答案，但不会马上把一切都告诉我们。也许，正是因为这样，生活才别有滋味。

在南美洲，有一个海拔4000多米，人烟稀少的地方，这里生长着一种叫普雅花的植物，它的花期只有2个月。花开之时，美丽到极致；枯萎之时，又是那样的凄美到颠然。然而，这种花为了这2个月的花期，总是静静伫立在高原上，用叶子采集太阳给予的芬芳，用根汲取大地给予的肥沃，忘我地营造着自己的美丽，就这样默默等待了100年。

百年的等待只是为了用一次的花开来获得攀登者身心俱疲时的眼前一亮，只是为了证明在等待中的生命是别样的美丽。

在冰天雪地的北极，时时可见厚厚的冰层上散落着一些冰窟窿，它们是海豹的出气口。体形硕大、浑身雪白的北极熊正晃动着略显笨拙的身躯，在这些出气口间来回徘徊，期待着能够猎取到定时上来出气的海豹。因为海豹能够通过北极熊行走时带来的冰层振动觉察到它的一举一动，进而选择恰当的出气口，所以，北极熊的来回奔波往往徒劳无功。

当北极熊意识到这种行为的愚蠢后，它便停止了会暴露行踪的走动，坚定地守住一个出气口，一动也不动。北极熊的“不动”显然比“动”带给海豹的危险更大。这是因为如果北极熊不动，海豹就对冰面上的情况一无所知，丧失了对安全出气口的准确判断，这时选择出气口往往带有很大的赌博性。

由于水的浮力，海豹一旦露出水面，想在短时间内返回水中几乎是不可能的，这时如果出气口边恰有一只北极熊，它就只能面临灭顶之灾了。但北极熊的运气并不会因此有多么好，一只海豹的出气口有十几个，很显然，想捕到一只海豹就需要付出长久的等待，一天、两天、三天……

冰天雪地中的这种等待考验了北极熊的毅力、意志和勇气。只见狂风吹得它雪白的绒毛如波涛起伏，扬起的雪屑落在它的眼睫毛上，让它睁不开眼睛。但对生存的渴求以及源于内心的、对成功的坚守，让它不管等待之路有多漫长、有多难熬，还是会坚持下去。

商汤的宰相伊尹原来是个孤儿，后被有莘氏部落首领家的主厨收养，在这种环境的熏陶下，伊尹的厨艺也非常精湛。他还有个特别的爱好，就是钻研尧舜之道，多年后他成了首领家子女的老师。随着名气越来越大，他被想创一番伟业的商汤发现了。于是商汤去有莘氏部落首领家礼聘伊尹，开始首领没同意，后来商汤娶了首领的女儿，并要求伊尹陪嫁。从此伊尹开始了辅佐商汤打天下的生涯。

每个行业都有道，道与道是相通的，商汤就经常听到伊尹用烹饪来比

喻为政之道，其中比较经典的是“治大国如烹小鲜”。烹制小鱼是不去内脏、不去鱼鳞、不能像炒菜一样经常翻来覆去的，否则鱼肉很容易碎。在烹制小鱼时，往往就是需要有一段盖上锅盖耐心等待的时间。

这就好比领导最好不要经常插手下属的工作、不要朝令夕改。过分的管理、朝令夕改的制度带来的是员工的不知所措、疲惫不堪。从老鹰抓小鸡的游戏里也能看出这一点，母鸡移几步，小鸡就得跑大半圈。

“治大国如烹小鲜”的其中一个要义是无为而为。“无为”是老子哲学的核心观点。过去，这一思想多被视为消极的，而实际上，老子的“无为”并非指什么都不干，而是指一种“无为而为”的辩证思想，即在顺乎事物自身规律的前提下有所作为。

治大国如烹小鲜

图7.13

林肯的等待，等待到了属于自己的春天，破茧成蝶；越王的等待，等待到了属于自己的江山，水到渠成；司马光的等待，等待到了属于自己的光明，万马奔腾。等待很痛苦，也很无奈。等待像是苦茶叶，只有经过浸泡，才能够拥有甜的滋味。人生也是如此。

每天醒来告诉自己，只要信念还在、行动还在，一切都还来得及。我们最大的悲哀是迷茫地走在路上，看不到前面的希望。当我们感觉人生没那么如意的时候，当我们觉得自己再也坚持不下去的时候，请记得对自己说：“没关系，这些都是我必须经历的成长过程。”

踏实一些，不要着急，找准了方向，用对了方法，我们想要的，岁月早晚都会给我们。

第8章

别再用好听的词来包装渺小

某人看了会儿书，趴在书上睡着了。如果有人想鄙视他，可以说“你看这人多懒惰，看书的时候还在睡觉”；如果有人想赞扬他，可以说“你看这人多勤奋，睡觉的时候还在看书”。同样一件事，不同的表达，不同的结果。当我们想掩盖问题时，可以尽可能地用一些正面的、让自己不需要行动的词来包装事实；当我们想揭露问题时，还是别再用那些好听的词来包装事实了。

别让自己构建的世界
成为自己的负担

图8.1

8.1 有些理所当然，其实只因为无知

如果你唯一的工具是锤子，那么，你往往会把一切事物都看成钉子。

——亚伯拉罕·马斯洛（Abraham H. Maslow）

我和许多朋友一样，从小有一个认知——在太空中可以看到中国伟大的万里长城。这个认知来源于以前的小学语文课本中的一篇叫《长城砖》的文章。

绵延万里的古长城，作为军事防御工程，在武器高度发展的今天，已经失去它的作用。于是，长城砖觉得它们是世界上最低下、最无能、最可怜的砖了！它们十分羡慕那些盖起了一幢幢高楼的红砖，也羡慕那些筑成了一座座厂房的青砖，甚至对农民盖围墙用的那些碎砖，也有点羡慕呢！

这天，发生了一件奇怪的事，有一块普普通通的长城砖，忽然被人们掀下来，送上飞机，运到美国一座大城市去展览了。这块自惭形秽的砖，居然被送进一个垫着软缎的玻璃匣里，陈列在展览大厅的镀金架上！

从美国各地赶来参观的人，排成一条望不到头的长龙，经过那个镀金架，每人只允许停留7秒钟，他们急忙发表着各自的感想……

“啊！我终于看到了伟大的长城砖了，”一位大学教授激动地说，“它已经有2000多年的历史，比我们美国的历史要长10倍呢！”

“确实了不起，”一位宇航员神采飞扬地说，“我在宇宙飞船上，从天外观察我们的星球，用肉眼只能辨认出两个工程：一个是荷兰的围海大堤，另一个就是中国的万里长城！”

“但是，这两者是不能相比的，”一位金发女郎接着宇航员的话说，“万里长城是2000多年以前的用相当原始的工具建造起来的，这项伟大工程是全人类的骄傲！”

“是的，是的，”一位尖嗓子的男孩兴奋地喊道，“我们的历史老师也说过，‘万里长城是人类智慧和创造力的里程碑’！”

“长城砖啊！我们看到了你，就仿佛看到了祖国，”一对华侨老夫妻互相搀扶着走过来，热泪盈眶地说，“你坚强、刚毅、庄重，蕴含着我们中华民族的伟大灵魂！你是世界上最宝贵的砖啊！”

…………

那位说能在宇宙飞船上看到长城的宇航员是谁，没有人知道。到底从太空能不能看到长城呢？真正的答案是：看不到。

我国科学家通过理论分析、遥感实验和实地验证，得出结论：肉眼无法从太空看到长城，但遥感卫星可以看到。有关这项研究成果的文章《从太空探测万里长城》被发表在了中国物理学界的核心期刊《物理》上。

人视觉的产生其实是一个很复杂的物理、生理及心理过程。据测定，当一个物体进入眼瞳后形成的张角正好是以其到眼睛的距离为半径的圆周长度的1/3600左右时，这个物体就表现为一个与背景有别的像点而被人眼看到。如果距离增大或物体缩小，这个物体的像点就会融入背景中而不能被眼睛识别。

有两个前人的试验结果：一个人站在天安门广场毛主席像前，刚好能看到400米之外直径为20厘米的旗杆顶，站得更远些，他就分辨不出旗杆顶了，因为旗杆顶的像点已经混在背景当中；据介绍，国外一位训练有素的侦察员在良好的视通条件下可以识别出2公里之外的一辆坦克上长度约32厘米的炮塔和瞭望孔。

按照这两个试验结果，就可以换算出人眼的分辨率分别相当于圆周长度的1/2000和1/6250，一个大于、一个小于生理光学专家测定的一般人眼视力数据。

根据人眼视觉原理和视觉分辨率，科学家认为，假设长城宽度达到10米，常人可识别长城的最远距离约为20千米，视觉分辨率高的侦察员大概可在62.5千米处识别长城。但这些距离都远远低于公认的太空高度，何况长城宽度一般都小于5米。

据此，科学家们判定，即使宇航员的视觉分辨率比侦察员高一倍，在太空仅用肉眼也不可能看到长城。宇航员在升空或降落过程中距长城不远的某个瞬间也许能看到长城，但这个瞬间太短暂，宇航员也不能分心，不可能看清。

有人提出“黑夜看明灯”的不同意见，认为只要太阳的照射角度合适，能大大提高长城亮度，人们就有可能超越人眼的视觉极限，看到长城。

科学家解释，当一个物体极其明亮，且与背景反差极大时，有可能提高视觉细胞产生光觉、色觉和形觉的水平。但长城属砖土结构，既不是发光体，也不是强反射体，其随地形起伏而伸展于山脊、山坡，与周围背景的反差并不大，不管太阳的照射角度发生多大变化，都不可能产生“黑夜看明灯”的那种效果。而且长城的宽度有限，高度也有限，不会产生太大的

阴影与投影。

这个科学公案在经历了三四十年的争论后，终于有了结论。

年龄渐长、眼界渐宽、信息渐多，我们才发现，原来事情并不都是我们原来想的那样，自己曾经的笃信和坚持，原来是可以改变的。原来一切我们认为的理所当然，都源于当初的一无所知。历史可以是假的，新闻可以是假的，形象可以是假的，关系可以是假的，书里的知识也可以是假的。

一个人的认知构建了他所理解的世界，人通常不会主动改变自己的认知。如果个人认知与他人认知或事实现象没有产生任何冲突，那么，以个人认知为基础所构建的世界就永远不会被打破。

比如，某农民所认知的世界的一部分就是种田、收获、卖钱、消费，这是他认知的农民生存的方式。忽然有一天他发现隔壁村的老王也是农民，但老王却把自家田租出去，把租金拿去炒房，赚了比他多得多的钱，有比他更大的消费能力，活得还比他轻松。

这时候，老王就把他原本的认知给打破了，他会去重新构建自己的认知。如果没有隔壁村老王的出现，他依然会觉得农民就应该老老实实种田，不老实种田的都是投机倒把，应该抓起来枪毙。但是，老王的出现让他不再这么认为了，他甚至还想效仿老王。

人类是一种能动脑却不愿动脑的动物

图8.2

人类是一种能动脑却不愿动脑的动物。在漫长的进化过程中，人类拥有了一颗占据自身体重2%，却要消耗身体25%氧气、20%能量的大脑。大脑，让人类获得高智商的同时，也带来了巨大的能量消耗。

为了减少能量消耗，尽可能地活下去，人类养成了对于和自己基本生存需要关系不大的事情，就不过多思考，以节约能量的习惯。这种思考模式的出错率小，能够显著提高生存概率。所以，人类都具有不愿意动脑的习惯。当然，在常常吃了上顿没下顿的石器时代，这是生存优势，但在如今人类内部的竞争中，这显然是劣势。

8.2　有些独辟蹊径，其实只因为无能

大二的时候，我有一次和几个同学筹备着十一长假一起去旅行，结果在临行前一周，同学的女友Gigi却说去不了了。原因是她报了ACCA课程，十一长假要去上课。我们并没有怪她失约，更多的是赞赏她的选择，还有对她的敬佩。

ACCA是英国特许公认会计师公会（The Association of Chartered Certified Accountants）的缩写，是世界上领先的专业会计师团体，也是国际学员最多、学员规模发展最快的专业会计师组织。ACCA会员资格得到欧盟立法以及许多国家公司法的承认，考试共有16门，要求考生通过其中的14门，而且是全英文考试。

ACCA课程得上两年，所以，学校没有课程安排和所有节假日的时候，Gigi都要上这个课。放弃假期去攻克一个很有价值的证书，这是她的选择，我觉得她很有远见、有野心。而且当她有了野心时，还肯为之而提升能力，这在当时，已经超了我们一大步。

Gigi的选择比许多其他的大二学生更有分量，甚至比一些进入社会很久的年轻人的思虑还要广。比如，我那时的另一位朋友Ivan，长我五岁。毕业后，他去了一家建筑公司。入职第二天，他就跟工程队去了西藏。那段时间，由于他刚去，工作量不大，每天找找测量点就万事大吉了，剩余的时间他要么在寝室待着，要么就到处逛。

他说，这种日子真是舒服，每天就晒晒太阳、吹吹风，然后吃饱了睡，睡饱了到处浪，多自在的人生啊！有一次在电话里，他说总公司的人来检查，他们连续两天每天工作22个小时，中秋节也没放假。他跟我抱怨他的工作有多么“坑”。

我跟他说：“你从去那边到现在，就辛苦了两天，其他日子你除了

睡觉之外还干什么了？你是男人，就这么点儿苦你就受不了了？何况你才二十多岁，有的是精力，努力一点没有错的。不要每天想着一杯茶和一张报纸的悠闲生活。”虽然我年龄比他小，却还是想用这种口气点醒他。

Ivan曾说，他想过轻松的生活，每天不必计较收入多少，支出多少，工作不要太累，最好不是那种每天按时上下班的工作。他说他生性自由，不适合做这种工作，他想每天想工作就工作，不想工作就不工作。

Ivan不是富二代，只是一个极普通家庭的普通本科毕业生。在我听完他的这个想法后，除了想对他说“祝你好运”外，真不知道还有什么可说的。也许是因为人生观和价值观不同，后来我们就再没有联络了。

他所谓的轻松的生活是一种过于理想化的人生。而这种人生，恐怕已经有些自私了。因为他根本就不知道自己未来肩负着的将是一个家庭，而非只有他自己。有句话说得好，“先说生存，再谈理想”。经济基础不可或缺，没有经济基础，什么诗和远方、什么世界这么大我想去看看，根本都是瞎扯。

只有当你有能力让你身边的人都过上一杯茶和一张报纸而且不用担心经济来源的生活的时候，那你才能过真正的轻松自在的日子。对于二十多岁什么都没有的年轻人来说，野心很重要。人就应该披荆斩棘地“杀出”一条自己的道路，就应该花大量精力与时间去提升自己的能力，就应该多经历、多挑战以丰富自己的人生阅历，只有经历了这些，才有资格谈论轻松的人生。

也许Ivan想要的生活本身也算是他的一种“野心”吧，只不过他没有搞明白要怎么实现这个野心。这样下去，他注定会痛苦。他会痛苦，是因为他的能力配不上他的野心。

有些独辟蹊径
只是因为无能
图8.3

网上流传过这样一则故事，一个美国女孩在某论坛金融版上发表了一个问题帖。她说自己非常漂亮，谈吐文雅，很有品位，想嫁给年薪50万美元以上的人，并称自己的要求并不高，同时她向大家提出了几个问题：

（1）有钱的单身汉一般都在哪里消磨时光？

（2）她应该把目标定在哪个年龄段？

（3）为什么有些富豪的妻子看起来相貌平平，而单身酒吧里那些迷人的美女却运气不佳？

（4）有钱人怎么决定谁能做妻子，谁只能做女朋友？

她这个帖子可以简单地总结为一句话：美女该如何嫁给有钱人？

结果，一位自称是华尔街J.P.摩根银行多种产业投资顾问的人回复了她。

他说："从生意人的角度看，和你结婚显然是一个不明智的决策。因为抛开表面的包装，这件事情的本质可以简单地理解为一笔'财'与'貌'之间的交易。交易的一方提供美貌，一方提供钱财。

"这笔交易从短期来看还算合理，但是放到长期去琢磨，就存在一个严重的缺陷。那就是随着时间的推移，女方的美貌会逐渐消逝，可是男方的钱财却很可能因为经验的积累、能力的提升、业务的扩展、职位的提高等因素而逐年递增。

"因此，从经济学的角度讲，女方是贬值资产，而男方是增值资产。跟只有美貌的美女交往属于'交易仓位'，她的美貌就是价值。可价值一旦下跌，正确的操作是立即抛售，而不是继续长期持有。对一件会加速贬值的物资，最明智的选择应当是租赁而不是购入。"

在帖子的最后，他说："我劝你不要苦苦寻找嫁给有钱人的秘方。顺便说一句，你倒可以想办法把自己变成年薪50万美元的人，这比碰到一个有钱的傻瓜的可能性要大。"

近几年，我们会发现"好工作"这个词开始渐渐从人们嘴里消失了，一些被认为是"好工作"的传统岗位，比如公务员、银行职员、国企或外企员工也不再是真正意义上的"好工作"，也不再值得我们花费大量的资源去争取。

机会就像宇宙中的星星一样多
找不找得到全靠自己

图8.4

现今，人的优势建立在自身能力之上，而不是建立在他所占据的资源之上。尤其在未来的时代，很难说做公务员好还是在企业好，也很难说去大企业好还是在小企业好。中国社会已经变得人人都有机会，人人都有可能了，这也许是当今中国社会进步的结果吧。不过，机会与可能出现的概率有多大，最后还是要看每个人的能力。

8.3 有些四平八稳，其实只因为懦弱

有些安逸就如同窝在沙发里看肥皂剧——舒服，但却让人虚度光阴；有些疼痛就如同推拿中心的专业按摩——难忍，但却让人神清气爽。

搞废一个人其实很简单，给他一个安静狭小的空间，给他一台电脑、一根网线，再加一个外卖电话。OK，他就开始废了。以自己为圆心，自己的手臂为半径，画个圆，他会发现所有他需要的东西，都在这个圆圈里。

有一次饭局我见到一个许久没见的朋友，他刚刚被公司解雇。

我问他：“半年没见，最近忙啥呢？”

他说：“没忙啥，待着呢。”

我问他："啥叫待着呢？"

他挠了挠头，说："我也不知道，我就觉得时间过得好快，这半年好像啥也没干就过去了。"

同桌有一位创业的朋友，整天忙得焦头烂额，他问："啥意思？还能有这种状态？"

我说："其实我特别能理解你，你是不是觉得自己这半年过得特别无忧无虑，恨不得连手机都想丢了？"

他说："手机还是得要的，不过每次电话响起还是有点紧张，总觉得自己安稳的小世界要被打破啦。"

我点点头，想起了电影《肖申克的救赎》（*The Shawshank Redemption*）里的一句话：这些墙挺有意思，一开始你抵触它，然后你习惯它，最后你不得不依赖它，这就是体制化（institutionalization）。

人有一种习惯，总喜欢在舒适熟悉的环境里待着，这种环境一旦被建立，我们就会无比依赖它，慢慢地爱上了周围的墙，恋上了这舒适的小屋，不愿意飞出去看看，怕看到外面熙熙攘攘的世界。

我有个大学同学，很优秀，毕业前拿到了三个offer。比我们许多同学幸运的是，她的人生有了一个三选一的机会，一个是家乡的人社局，一个是天津的一家国企，一个是北京一家初创的互联网公司。她自己非常想在北京闯荡，但是最终经不住父母的软磨硬泡，选择了留在家乡做人社局的公务员。

别的同学过着加班制的日子时，她每天准点上下班，食堂三餐吃到饱，也不担心被辞退，中午还有时间上个瑜伽课。所有我们能想象到的"按部就班"的生活，在她那里都能实现。

岁月静好，日子安稳，但她并不满意。在体制内，她的工作就是给领导写发言稿，这完全不能给她带来成就感，再加上等级森严，人际交往都小心谨慎，这些都让崇尚自由的她喘不过气。

她渐渐明白，待在舒适区，并没有自己想象中舒服。她理想中的自己是一位独当一面的职业女性，而现在的自己，却在一点点平庸下去。可直到现在，她还是没有勇气迈出那一步。她贪图表面的轻松和感官上的舒

适，到头来发现，自己固守的不是某种生活方式，而是懦弱。

公司曾经来过一个实习生，家境殷实，实习期结束就离开了。我听说他毕业后没去找工作，准备在家待一年，说是想体验西方青年的间隔年（gap year）。

其实在西方，度过间隔年的方式有很多，比如参加社会公益的志愿服务、去国外打工、学习一门新的技能，等等。当我问他准备怎么度过这一年时，他却说他哪儿都不想去，就想天天宅在家里，有爸妈管吃管喝，每天窝在床上看小说、打游戏。

体验间隔年只是他给自己的一个逃避的借口。他拥有长达一年的时间，可以去干任何自己想干的事，随便折腾点什么都比窝在家里收获大。毕竟家是他生活了二十多年的地方，还有什么新的体验可言呢。

只有我们离开熟悉的土地，才能领略大千世界的无奇不有；只有我们踏上新的旅程，才会明白过去的经历赋予我们的意义。

唯有走出去，才能更深地体悟过去跟现在的自己。

如山本耀司所说："'自己'这个东西是看不见的，只有撞上一些别的什么，反弹回来，才会了解'自己'。所以，跟很强的东西、可怕的东西、水准很高的东西相碰撞，然后才知道'自己'是什么，这才是自我。"

舒适区并不一定真的安全

图8.5

永远待在舒适区的人是做不到这些的。即使承受着风险，即使最后选择了回归平淡的生活，但离开过舒适区，追寻过，这才算是我们的主动选择。熟悉的地方，没有风景，不走出舒适区，我们永远体验不到不同寻常的美。

什么是舒适区？

心理学家把我们在应对任何情况下的心理状态分为三个层次：最里面的一层叫舒适区（comfortable zone），向外扩展的第一层叫成长区（growth zone），再向外扩展的第二层叫恐惧区（panic zone）。

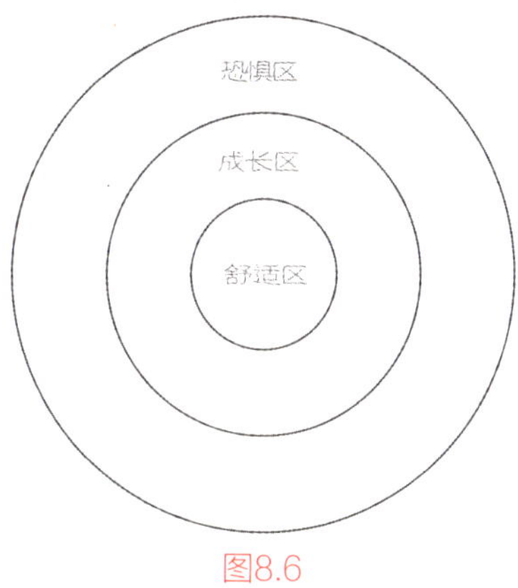

图8.6

每个人都有自己的舒适区。在这个区域里我们会感到很舒服，一旦离开了这个区域，我们就会感到不舒服。如《谁动了我的奶酪》（*Who Moved My Cheese*）一书中，小老鼠在原来的窝里觉得非常舒适，一旦出去它就感到彷徨、无奈，甚至恐惧，所以它不愿出去。这个窝就是小老鼠的舒适区。

成长区就是我们让自己刚刚踏出舒适区一点，但是我们又可以通过学习来适应的区域。所有的学习都必须在成长区完成，如果我们推得过猛，很有可能把自己推入恐惧区。在恐惧区里，因为我们把所有的精力都用于应对自己的焦虑和恐惧，所以没有多余的精力去学习。

心理舒适区这个概念来自心理学的一个经典实验。

1908年，心理学家罗伯特·耶基斯（Robert M. Yerkes）和约翰·多德森（John D. Dodson）提出，人们在相对舒适的心理状态下的表现是稳定的，然而，我们需要增加一点焦虑，也就是比正常状态略微高一点的压力来使我们达到最佳表现。增加的这一点焦虑被称为最佳焦虑值（Optimal Anxiety），这一点焦虑刚刚好在我们心理舒适区的外沿。

图8.7

走出舒适区，我们能获取什么？

停在港湾的船是安全的，但这不是它生而为船的意义。

其实舒适区本身并没问题，就像家一样，温暖舒服，但如果家的力量太强而使我们放弃了去外面看看的梦想，是挺可惜的。我们都有过想出去看看然后被父母叫住的时候，但大多数坚持出远门的孩子也没有忘记过回家的路，回家后，不仅眼界宽了，知道世界很大，明白自己渺小了而已，最重要的是，他们开始着手下一次出去的计划了。

看，他们的舒适区就这么变大了。

苹果公司前副总裁Heidi Roizen说过："如果你做的事情毫不费力，就是在浪费时间。"

如果我们总是在自己的舒适区转悠，不愿意走出来，久而久之我们确实会成为"卖油翁"般熟悉领域的能手。但是我们处在一个日新月异、信息爆炸的时代，我们所熟悉的那个小领域能满足社会飞速的变化吗？

只有我们试着迈出舒适区，才能真正发现，原来困境多是自我的臆想，当初的各种自我设限，最后都被证实是自己想多了。刚刚迈出舒适区时，我们会经历不适应，而一旦撑过前期的不适应，坚持便不再是坚持，而是一件顺理成章的事。

走出舒适区的我们，会遇到那个让我们怦然心动的自己。我们会惊讶地发现，我也可以如此绽放！

8.4 有些平凡可贵，其实只因为懒惰

人，最怕一生碌碌无为，却安慰自己平凡可贵。而往往人们口中的“平凡”其实是“平庸”。

平凡与平庸，既有共性，也有不同。共性在于两者都含有平平常常、普普通通的意思，都没有轰轰烈烈、惊天动地的壮举，也没有卓著功勋、叱咤风云的伟业和气势。不同在于，平凡是中性概念，指人有一颗平常心，在普通岗位兢兢业业、任劳任怨地工作；而平庸的意思是消极颓废、没有追求、无所事事、碌碌无为、随波逐流、自暴自弃，生活得没有个性、没有特色、没有张力。

平凡是人生的常态。大千世界，芸芸众生，成就非凡、出类拔萃、彪炳史册的人是少数，大奸大恶、千夫所指、遗臭万年的人也是少数。绝大多数人工作平凡、角色普通、生活平淡，每天开门面对的都是柴米油盐酱醋茶、考学、升职、买房、找工作……与左邻右舍的人一样，他们有着连续不断的忧愁烦恼，每天要感受百姓人生的喜怒哀乐。

平凡不等于平淡。平凡人不一定有惊涛骇浪的壮举，却完全可以在平凡的岗位上，凭着一颗平凡却不平淡的心，珍惜光阴、执着追求、矢志不渝，朝着理想的方向奔跑，“秀”出自己的精彩。全国劳动模范徐虎，没想成名，也没想出人头地，平时的工作就是钻下水道、通排粪管、修水龙头，他一干就是30年，默默地为社会做贡献，看似平凡的人生却蕴含着熠熠光辉。

平凡与平庸，是生活的两种状态、两种心境。平凡的人，是机器上的一颗螺丝钉，毫不起眼，但无时无刻不在发挥着自己的用处，实现自己的价值；平庸的人，是一颗废弃的螺丝钉，身处机器运转之外，无心也无力参与机器的运作。

图8.8

评价一个人是平凡还是平庸有两个出发点：一个是社会认知，一个是个人认知。

从社会认知的角度来看，平凡与平庸的差别在于是否对社会做出了贡献。在社会这个大机器上，我们可以做一颗螺丝钉、一块钢板或者一个仪表盘，只要我们是有用的，为社会的发展尽了微薄之力，那在社会看来，我们就是有价值的。虽然我们不是其中的关键零件，但是，少了我们是不行的。千千万万个我们构成了社会发展的基础，所以，万中之一的我们是平凡的。

平庸的人与机器同存，就像小尾巴一样，走到哪里跟到哪里。他的存在与机器运转无关，他自成一体，自己转自己的。他身处社会之中，却作用于社会之外。他的所作所为，对社会而言没有什么实质性的价值。平凡的人与平庸的人，就是这样的区分。

从个人认知的角度来看，平凡，是在生活中把自己的能力发挥了出来，是实现了自我价值，人尽其能，这叫平凡；平庸，是有能力没发挥，才华尽掩，就像河蚌里拒绝成为珍珠的沙子，自甘埋没，这叫平庸。

平凡，是个人价值的发挥对社会产生了积极的贡献，放在职场中来看，就是个人能力的施展为企业创造了价值，所处的职位是价值的实现点，也是能为企业做贡献的地方；平庸，不是指没有能力，而是指舍弃了培养能力的机会，放弃了自我发展以及融入社会的机会，平庸的人，就像水面上漂浮的水沫子，是被水流激打出来的。

平庸的人，是到处挖坑，但每个坑都挖得不深的人。在职场中，大多数的行业他都做过，每一处他都留下了痕迹，深深浅浅的坑他挖了一大堆，但是没有哪一个是出水的，没有哪一个行业是他长久驻留的。浅尝辄止的结果是没有一技傍身，在优胜劣汰的环境中被激出水面。

在美国的一家石油公司里，有一个小伙子正端坐在流水线旁，专心致志地看油桶被一滴一滴落下的胶封住。有人说，这有什么可看的？多么平凡又无聊的工作！可是他却不这么认为，经过一段时间的观察，他注意到每封住一桶油，需要用39滴胶。他想，有没有可能少用1滴呢？经过反复的思索和实验，他终于制出“38滴型”胶，效果非常好。仅一年的时间，他为公司节省了大笔的费用。他，就是石油大王洛克菲勒。

工作平凡？可以。业绩平庸？绝不可以！洛克菲勒原来的工作可谓平凡乃至枯燥，但他仍然可以做出巨大的成绩。他日后做出的石油霸业，与他从小处着眼、坚持、不甘平庸的态度有很大的关系。

接受自己的平凡，是可贵的；可接受自己的平庸，那当然是懒惰的。

《红楼梦》里的贾母一生荣华富贵，偶尔想吃一吃地里的瓜果蔬菜，那是因为山珍海味吃腻了，想换换口味，但刘姥姥只能在一边掰着指头算着两篓的螃蟹足够庄稼人吃一年的。贾政常年埋首于案牍之前，忽然在大观园见一村社模样的屋子，便生了归隐田野山林之心。

成功人士向往平凡，那是商海沉浮、官场厮杀的中场休息，就像是暴发户家中书架上那一本本精装书的书皮；而失意者、失败者接受平庸，那是打掉牙往肚子里吞、无计可施之后无可奈何的选择。

成功人士向往平凡，说好听点，是有魏晋名士之风；说难听点，就是饱汉子不知饿汉子饥。其实这纯粹就相当于当年知识青年下乡接受忆苦思甜的教育，回到城里擦擦嘴角，该干吗干吗。失败者接受平庸，既是无奈又是自嘲，与其让人夹枪带棒地讥笑一番，不如自己先往自己身上插几把刀，就像乔峰一般，既有“英雄气概”，又有“担当”，别人也不好下嘴了。

杜鲁门当选总统后，有一位记者前来采访他的母亲。记者称赞道：“有杜鲁门这样的儿子，您必定感到十分自豪吧。”杜鲁门的母亲赞同地说：“是的，但是我也为我另一个儿子感到骄傲。”记者问：“您的另一个儿子在干什么？”老太太自豪地回答：“他现在正在地里挖土豆。”

真是一位伟大的母亲，她不仅为身为世界上富强国家的总统的儿子而自豪，同时也为另一个默默无闻地在地里挖土豆的儿子而自豪。其实，生活原本也是这样，红花绿叶，各有其妙。只要不平庸，平凡和伟大一样令人自豪。

仰望星空时，有耀眼夺目的流星，亦有平凡闪烁的星星。无论哪一种，都点缀了广袤的夜空，激起人们的思考。人生在世，也是如此，无论声名显赫，还是默默无闻，只要绽放了自己的价值，平凡却不平庸，就会是一段无悔且精彩的人生。对于时间桥头的找寻者，脚，踏出坚实的步履；而对于披荆斩棘的开路人，心，生出穿越荆棘的羽翼。追求在，梦就在，梦尚在，美便在。

我们可以平凡，但不能平庸，这是一种态度。平凡的人依然可以通过勤奋来充实自己。我们无法选择出身，但我们可以选择如何生活。不要因为懒惰，而甘于平庸。

日本著名的电影《被嫌弃的松子的一生》中有这么一句台词：“小时候，谁都觉得自己的未来闪闪发光，不是吗？但是一旦长大，没有一件事能遂自己的心意。”谁没幻想过那个成功的自己？可是岁月就是这么无情，越往前走，自信越少，怀疑越多；越往前走，内心那个卓越的自己心虚得若隐若现，而那个平庸的自己探头探脑地逐渐露面，最后平庸干掉了内心残存的些许卓越的想法。

努力获得的那颗星星 也许看上去很平凡
但却是最美的

图8.9

生活就是这样的残酷，在岁月的磨洗下，我们渐渐藏起了自己的双翼。可即便如此又怎样？我们就应该忘记自己最初的梦想吗？我们就应该甘于平庸吗？路，在我们自己脚下！世上本没有路，只是人的信念守住了人生之路。生命不息，追赶不止。成为芸芸众生并不可怕，可怕的是以平凡可贵为借口，实际上，却在放任自己的懒惰。

生活的艰难有时可以把人逼到走投无路、进退维谷的地步。为了生计，我们四处奔波，风餐露宿，有时会遭人白眼，有时会被人嘲笑，有时会遍体鳞伤。对于这些，理会得再多，体会得再多，也不能帮助我们生活得更好。

我们需要做的，只是勇敢大步地向前走，哭了、累了、伤了、痛了都没关系，蹲下来，给自己一个大大的拥抱、一个大大的微笑，然后站起来，继续向前走！其中的辛酸自己懂就好，如人饮水，冷暖自知，何必想太多。

8.5　有些贫富差别，其实只因为心穷

“贫”和“穷”是两回事，人可以“贫”，但最好不要“穷”。

“贫”是缺钱，“穷”是缺智。缺钱可以赚，缺智可就不好办了。

西楚霸王项羽，那么神勇无敌、威风凛凛，怎么会失败呢？

项羽作战勇猛，许多人心甘情愿跟随他。但跟随他的人，无论立了多么大的战功，也得不到封赏。在实在没办法了、不得不封赏的情况下，项羽就会把要封赏的大印，恋恋不舍地拿在手上，不停地摸呀摸。

曾在项羽手下“打过工”的韩信，指控道：“项羽这个人，心眼比蚂蚁的脚趾头还要小，那大印的棱角都被他摸到圆滑了，他也舍不得给出去。他内心就盼着手下人吃几个败仗，立不了战功，那么这所有的大印就可以全归他一个人了。”

项羽的内心不情愿任何人从他这里得到好处，哪怕对方是多么能干，立下多么大的战功。

他希望所有人都混得惨惨的，就他一个人舒坦。

这种心态，就是一种“穷”！

心穷之人，不分职业，不分年龄。有一种老板，跟项羽一个毛病，一门心思地和自己的员工斗智斗勇，生怕员工多得了一点。斗到最后当然是他赢，只不过企业越来越差劲，最终闹得个门庭冷落、众叛亲离，他却在月白风清时自怨自艾，感叹人才难得，知音难遇。

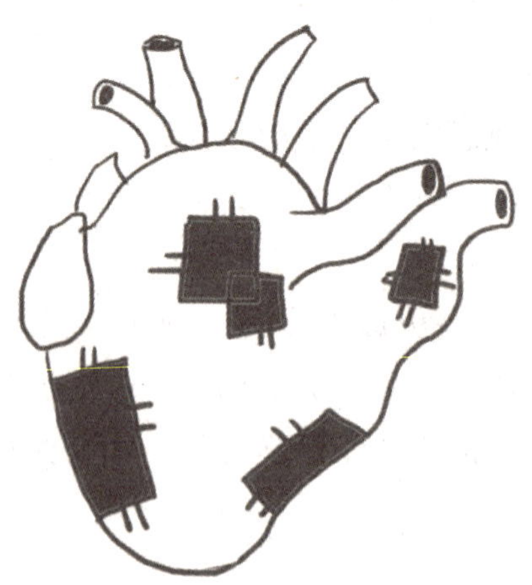

贫穷并不可怕 可怕的是心穷

图8.10

我曾面试过一个即将毕业的大学生，因为急着用人，面试通过后，我便通知他尽快上岗。

可他说："我感觉你们这些人太现实了。"

我问："怎么了？"

他说："你们这里女员工那么多，无非是缺干活的男员工罢了。这么急着叫我来上班，我感觉你们不怀好意。"

我很郁闷：这是怎么说话呢。难不成这么多人辛辛苦苦地"凑"了一家企业，专门为了对你不怀好意？你很值钱吗？再说，这里如果不需要你的话，为什么让你来呢？你总得拿出点什么东西，跟企业交换吧。

他老气横秋地叹息："唉，我现在对于你们来说，还有利用价值。可等以后呢？你们还会要我吗？"

叹息声中，这孩子迈着苍老的步伐离开了。

此后我再也没见过这孩子，但见过许多和他类似的总是很"忧伤"的职场男女。他们的心太穷了，没有任何东西能拿出来与这个世界交换。

导演迈克尔·艾普特（Michael Apted）在1964年为英国广播公司（BBC）拍摄了一部纪录片叫"7 Up"，他采访了来自英国不同阶层的14个7岁的小孩，他们有的来自孤儿院，有的是上层社会的小孩。此后，每隔7年，艾普特都会重新采访这些孩子，倾听他们畅谈他们的梦想、他们的生活。人生行至大半，岁月蹉跎，是悔恨感慨，还是遥想当年风华正茂？

几十年过去了，导演还是艾普特，从青年到老年；主角还是那群人，从儿童步入中年。到了2012年，这部纪录片的名字变成了"56 Up"。这部已经坚持了48年的成长系列纪录片，成为人类影像纪录史上的奇迹。

看这部纪录片有不可思议的感觉，看岁月流逝，看沧桑变化，看着14个小孩变成中年人、老年人时，每个观众都会有自己的体会。陪伴这些孩子度过半个世纪的导演艾普特也已两鬓斑白，而"7 Up"还将继续。

拍摄之前的社会大背景是：1963年，英国的社会学家约翰·勾索普和大卫·洛克伍德就 "超阶级理论"掀起了一场社会大讨论。超阶级理论认为，随着社会的发展和财富的增加，有一部分人通过自身努力奋斗或其他综合因素，从社会底层或工人身份脱离蜕变，在言谈举止、生活方式、思想看法上，都逐步进入"中产"行列。而艾普特则在纪录片中试图通过与孩子的对话，不动声色地彰显"阶层"在他们身上烙刻的印记。

在这部纪录片中，让我眼前一亮的是3个出身于精英阶层的孩子：约翰、安德鲁和查尔斯，他们就读的是肯辛顿的高级寄宿学校。在采访中，他们讨论的话题是读书内容。

7岁的安德鲁说自己看《金融时报》，7岁的约翰则说他读《观察家报》和《泰晤士报》。约翰说，读完这个学校后他要去西敏学校，通过考试的话去剑桥三一法学院。14岁时，约翰已经如愿在西敏学校毕业，并在牛津基督教堂学院就读。对于未来的规划，他说决定以后做律师。35岁时，他已经成为著名的诉讼律师，并且投身慈善业，娶了驻保加利亚大使的女儿。

与此形成鲜明对比的则是贫民窟的孩子。出生于贫民窟的托尼，梦想仅仅是以后成为驯马师。28岁的他当了一名计程车司机，56岁的他成为一堆孩子的爷爷。他的孩子，极少能上大学，大都从事着社会中最基层的工作，例如修理工、保安，而且他们常与失业相伴，处境堪忧。

似乎一切结果都和艾普特的预想不谋而合。人很难逾越自身限制，晋升阶层。但最终结果却并非全部如他所料：人人固守阶层，没有流动。14个孩子中，有两三个出身贫民窟的孩子依靠良好的教育、广阔的心胸和自己的努力，成功跻身精英阶层。

作为其中的翘楚，出身贫民窟北部约克郡农庄的尼克，在牛津大学毕业后成为一名核物理学家，最后晋升为教授，成为精英阶层。在“56 Up”中追忆过去，尼克说：“我被迫长大，你要是不快点长大，你就会有麻烦。”好友苏西问道：“那你后悔吗？”尼克答道：“不后悔，我时常感恩，但不享受过程。”

出身贫困，却能战胜贫困的限制，成为眼界开阔的人，尼克的成功源于他打开了“心门”，他不以“穷”的心态来看待这个世界，他懂得自我教育、自我鞭策。如果没有这些，他的人生估计和托尼一样，随波逐流、平平淡淡。

对于大多数人来说，如果“心穷”，那么随着阶层固化，会永远逃不出自己的命运之路；但是如果能认清事实，跳出圈子，努力奋斗，自我教育，那么我们也能活出新的精彩。

图8.11

我们每个人在不同的年纪、不同的阶段都要尝试改变自己，改变自己的人生观，改变自己的生活态度，改变自己觉得可以改变的东西。当我们开始学会改变，并能够客观理性地看待和关注自己的人生的时候，我们会发现贫穷有时候带给我们更多的是勤奋和动力，比起那些生来就富有的人，我们的每一份努力、每一次收入的增加，都代表着我们离成功又进了一步。别人可以放弃我们，但我们自己不可以放弃自己。

有梦想就积极追求，生命只有一次，一定要把我们未完成的理想都完成。活着本身就是每天都在走向死亡，但不到生命衰败的那天，我们又怎敢对生命说抱歉？

可以家贫，不可心穷。家贫之人，只要有志气，敢拼搏，总有一天会走出人生困境；而心穷之人，被困在自己狭小的心眼里，除非他们能够破局而出，否则，就只能待在他们自我束缚的蚕壳之中，永远也出不来。

8.6　有些安逸自在，其实只因为时间不值钱

每次商家拿鸡蛋搞特价活动时，都会有一群人排队买鸡蛋。有时候活动场地是露天的，天气寒冷，也会有人身穿大棉袄、头戴帽子排成一条长龙。他们觉得市价每公斤2元，现在特价每公斤1.5元，每人限购5公斤，真值！起了个大早，排了2个小时的队，买到以后，能省下2.5元（若每人买5公斤），真值！所以，这些排队的人这段时间的价值是1.25元/小时。

我们会发现这群人中老年人居多，因为相对于年轻的上班族，老年人的时间似乎很充裕。他们觉得自己闲着也是闲着，很乐意排队买便宜鸡

蛋，时间对于他们来说不是成本，花点时间来省钱才是硬道理。其实，这种贪小便宜排队买鸡蛋的“道理”，在其他领域，比如互联网，也被广泛地应用着。

2016年，支付宝推出了“集五福”的活动，全中国多少人在工作时间准时准点地“咻一咻”，就为了获得一张“敬业福”。2017年，支付宝的集福活动又一次沸腾了网络世界，用2亿元的红包给媒体创造了一个大新闻，给社交群提供了持续不断的聊天话题，给自己增加了用户黏性和打开次数，也给用户提供了一个“占小便宜”的机会。

那段时间，我们看到身边许多人做得最多的动作就是拿着手机到处扫“福”，然后不断地在微信群里吆喝着换“福”，甚至有人到处晒集齐五福的截图。最后，2017年的集福活动约有1.68亿人集齐五福，平均下来一个人分得不到1.2元。

冷静下来看，对于每个集福的用户，其时间的价值可以用一个公式表示：

最终获得的红包金额÷为这件事花费的时间=时间的价值

这么算下来，有没有觉得，时间很不值钱？

有人说，不会啊，至少我收获了开心啊，钱多钱少不重要，我还能跟别人开玩笑说自己参与过一个2亿元的项目，就为了图个热闹呗。

这些人说得对，每个人凭自由意志分配自己的时间，无好坏对错之分。但是，如果选择了“图个热闹”的人生，当看到隔壁老王事业有成买了保时捷，看到闺蜜小杨的电商生意做得风生水起，看到同事小李升职加薪年薪破百万元，而自己还是原来那个样子的时候，也同样不要羡慕嫉妒恨。

我曾经给公司中层管理干部推行过时间管理的课程，有一部分人在培训结束后表示这个培训非常好，对他们安排、协调工作和生活的时间起到了很大的帮助，培训中提到的几个时间管理工具既简单又实用；还有一部分人觉得这个培训搞得没必要，他们听完之后不知道这套方法要干什么用。

有意思的是，几年之后，我发现那部分觉得这个培训很有用的人在职位和薪酬上的提升普遍要好于那部分觉得这个培训没用的人。

为什么有人会觉得这个培训没用？因为他们“不痛”，时间在他们那里从来都不是问题，他们不需要管理时间让自己更高效或者做更多的事情。他们的时间很充裕，八小时悠闲上班，下班以后打打球、看看剧、逛逛街、玩玩游戏。

他们需要的是谁来告诉他们又发生了哪些新鲜的事情、又上映了哪些有趣的新电影、又新开了哪些个性的小店、又上线了哪些好玩的游戏等这类事情，以填满他们的时间。他们从来没有意识到自己时间的价值，也不知道怎么利用时间来成就自己。他们的时间不值钱。

时间对于有些人就像充饥的饼一样廉价

图8.12

林语堂曾在去欧洲时，发现外国人都在玩风靡中国的麻将，他不禁慨叹中国文化占领欧洲。不久他回国，两年以后再回欧洲，麻将销声匿迹，无影无踪。他奇怪，问原因，对方答曰：“这玩意儿太浪费时间，会影响一国的未来。”

假如有人，经常一杯啤酒两小时地闲扯；经常一副麻将一晚上地虚度；经常去乌烟瘴气的KTV听别人鬼哭狼嚎，自己也情不自禁地引吭高歌，这种人，一辈子可能会过得快活，但是，不会有事业。尼采说：“有人问我为什么这样聪明，因为我从来不在无聊的事情上浪费我的精力。”

现今有一大批时间不值钱的人。他们吃了饭没事做，不是打麻将，便是打扑克。有的人走进澡堂子，泡着澡，再喝上一壶茶，便是一天了；有的人拎着一只鸟儿满城到处逛，也是一天了。更可笑的是，朋友去看朋友，一坐下便生了根了，再也不肯走。有事商议，或是有话谈论，倒也罢了。其实并没有可议的事、可说的话，只是找个引子消磨时间。

古代有“游手好闲”一词，谁要是沾上这几个字，不仅是没正经事可做的问题，连人格似乎都低人一等。为什么？因为这人没治了，等于烂肉一堆、蛆虫一条、废人一个。

现在“好闲”进化成了“休闲”，成了时尚的标志，不仅不受唾弃，反而受人追捧。而这一切，其实是商家们的营销手段！都不休闲，他们的产品要卖给谁？他们赚谁的钱？

罗振宇说：“现在所有新兴产业，本质上既是要你钱，又是要你命（时间）。”商家们想尽一切办法夺取用户的时间。他们总是制造着时尚的观念，给赤裸裸的商业目的包上炫目的外衣，而大众永远是时尚的追随者。当一种风气大行其道之时，就是商家们的钱包开始收获之日。

时间和金钱是两种可以相互转化的资源。好比出行，要节约钱可以选择坐公共汽车或者走路；要节约时间就必须付数倍于公共汽车票价的钱去打的。

只有能带来新价值的时间才是资本，但很多投入时间的东西，在短时间内是看不到回报的。比如，我花时间写一篇稿子，稿子本身是不赚钱的，但发出去后，我就可能获得几个表示认同的粉丝，会积累我的影响力，会增加赚钱的可能和机会。当我投入了大量时间在这上面之后，如一年产出几百篇稿子，就可能得到回报，可能会成为大咖、大V之类。

这个逻辑就是格局逆袭的逻辑，大部分人的能力都是普通的，和所谓的天才没法比，和所谓的官二代、富二代也没法比，我们有的只是时间。

我们花几年时间可能达到和“天才”或“二代”花一年时间达到的同样的水平，但我们这几年的经验以及培养起来的资源却是别人很难以得到的。虽然后发，也可能先至。所以，就算能力不如别人的人也有办法干掉比他们强百倍的人，这就是很多觉得自己有才华的人最后反而失败的原因。

普通人如果想逆袭，不靠时间的积累是毫无胜算可言的。怕就怕我们的时间只是“花了”，却没有“积累”。只喜欢每天朝九晚五地上下班，回家后玩游戏、看韩剧，这种人只会越混越惨。

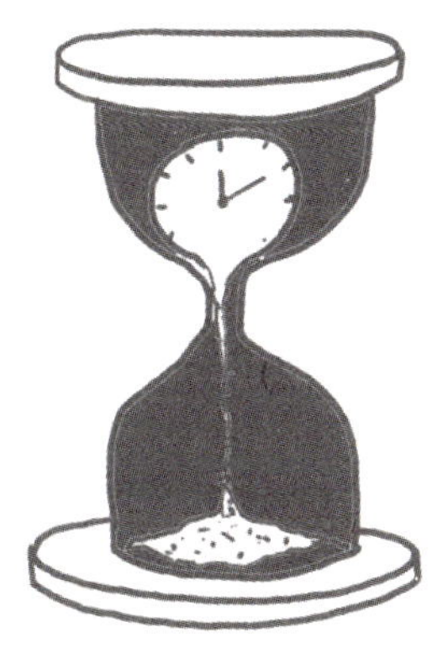

图8.13

一个人无论以何种方式赚钱，也无论钱赚得是多是少，都必须经过时间的积淀。如果有人可以因为多花了一毛钱而气恼不已，却不为虚度一天而心痛，那他就是典型的穷人思维。他可能还会举例子来为自己开脱："你看，很多富人都是一边玩一边就把生意做了，只有穷人才忙忙碌碌的。"

是的，可是请注意，富人的玩也是一种工作方式，是有目的的，这和百无聊赖地混时间完全是两种状态。富人的闲是闲在身体，修身养性，以利再战，他的脑袋可一刻也没有闲着；穷人的闲却是闲在思想，实际上他手脚都在忙，累得要死却只是赚了点饭钱。

如果有人总感觉自己时间太多，那他的时间一定不值钱！

第9章

每个人都是自己的伯乐

美国著名的心理学专家安东尼·罗宾在《唤醒心中的巨人》（*Awaken the Giant Within*）一书中说：“每个人身上都蕴藏着一份特殊的才能，那份才能犹如一位熟睡的巨人，等待我们去唤醒他。”很多人没有自己“唤醒”心中巨人的意识，只把希望寄托在别人身上，而能够识别他人才能的伯乐往往是可遇而不可求的。既然如此，我们为什么不能做自己的伯乐呢？

图9.1

9.1　放错了位置，是金子也发不了光

美国著名的政治家本杰明·富兰克林（Benjamin Franklin）说：“宝贝放错了地方就是废物。”著名相声演员牛群也许就是验证这句话最好的

例子。

中央电视台春节联欢晚会（以下简称春晚）给观众带来过无数欢乐的记忆，也诞生了许多黄金搭档。20世纪90年代，有一个家喻户晓的相声组合——牛群与冯巩。两人有不少经典的相声作品，时至今日，仍被许多观众津津乐道。

牛群的春晚履历成绩惊人，从1987年以相声《小偷公司》首次登台以来，在整个20世纪90年代里，每一年的春晚，必然有一个节目是他的，其中与冯巩的合作有12次。这也使得牛群成为全国著名的笑星。

牛群虽然原本不是专业的相声演员，可半路出道的他有着很强的演艺天赋，如果单论说相声，他绝对是高手。不过，他同样也是一个“爱折腾”的人。除了相声艺术家的身份外，他同时还是摄影家协会会员，出版社的副总编，更是明星足球队队长。他总不乏新思路、新点子，似乎从不甘心一直说相声。

这对黄金搭档刚起步之时，牛群突然提出想去做生意。当时的冯巩虽然很惊讶，但也同意了牛群的要求。后来，牛群做生意赔了，又回来说起了相声。可没消停多久，牛群又开始折腾：尝试做杂志。后来，杂志也成了一个烂摊子，无奈之下他只能重操旧业。

让人意想不到的是，2000年，当牛群的相声事业达到最巅峰的时候，他却选择了彻底离开春晚舞台，转头从政——去安徽省亳州市蒙城县当起了挂职副县长。这在当时作为一条娱乐新闻，轰动一时、饱受争议。

刚上任时，因为名人效应，牛群一下子就为蒙城县引进了几亿元的资金，开掘了尉迟寺遗址，新修了道路，还为残疾孩子建立了特教学校。但是好景不长，很快就有人怀疑他利用学校改制项目把国家资产据为己有，原本要为学校捐款的人也不想捐了，周围人对他投来了异样的目光。

牛群很委屈，为了证明自己的清白，他甚至做了一个“裸捐”的证明。据说那时候的他每月只有1000元的工资，还要供儿子上大学。2004年，牛群终于证明了自己的清白，但心力交瘁的他也黯然离职了。

事业上的不顺还不是最糟的，2007年，牛群的妻子刘肃和牛群和平分手。两人原本是娱乐圈的模范夫妻，牛群的每一次“折腾”都得到了妻子

刘肃的支持，可没想到，22年的风雨同舟就这样画上了一个句号。

后来，牛群想方设法再次回到春晚舞台。2007年，牛群在赵本山的小品《策划》中出演了一个角色。但离开了春晚舞台这么久，此时观众们对牛群的感觉已经大不如前了。之后，牛群再次从春晚舞台上消失。

2013年，64岁的牛群参加了一个名叫《中国星跳跃》的跳水节目。结果，从10米跳台上一跃而下的他直接被水拍晕了，当时把在场的所有人都吓了一跳。尽管新闻报道用的大都是“励志大叔”“励志大爷”这类的赞美之词，但一位64岁的老人却被生活逼得要这么搏命，也让人觉得有些心酸和悲凉。

2013年之后，牛群这颗曾经的巨星便基本很少在观众的视野中出现了。折腾了大半辈子的牛群，人生阅历一定不少，但在相声事业上却可能再也无法续写当初的辉煌了。

我这一代是看着牛群的相声长大的，小学和初中时，每年春晚结束后同学们之间聊得最多的，就是牛群和冯巩的相声。有一些他们经典相声里的“包袱”够同学们聊一个学期的。牛群退出相声界，令中国一个时代的观众为之感到遗憾。

曾经，牛群和冯巩是黄金搭档，最后只剩下冯巩一个人成了春晚的“钉子户”。俗语讲“一招鲜，吃遍天”。冯巩明白这个道理，始终坚持说相声、演小品，最终取得了非常瞩目的成绩，名声大振。而“样样通，样样松”的人最后往往得不到什么好处。

图9.2

古语有云，“鹤善舞而不能耕，牛善耕而不能舞，物性然也”。其实，牛要跳舞，鹤要耕地，也并无不可，只是，牛之舞和鹤之耕都不会有良好的效果。人生也有很多选择，要实现自我，一定要先审视自己，找准自己的位置，踏踏实实地在正确的位置上干好自己的事。

也许成功的诀窍就是经营自己，如果经营的是自己的长处，就会使自己不断升值；而如果经营的是自己的短处，就会使自己不断贬值。

每个人都可以问问自己：我的长处和短处分别是什么？我要把自己放在哪个位置上？

搞清楚上面的两个问题，我们就不会以是否能出名、是否能挣钱、是否容易这些普世的标准为主要因素来考虑自己的人生，而是从自身优势和自身发展的角度，把自己放到最能发挥才能的位置上。

9.2　搞不清状况，越努力越平庸

在唐纳·克里顿（Donald O.Clifton）与宝拉·纳尔森（Paula Nelson）合著的《飞向成功：关键是要掌握自己的优点》一书中，有一个很经典的寓言故事。

为了和人类一样聪明，森林里的动物们开办了一所学校，并开设了5门课程，分别是唱歌、跳舞、跑步、爬山和游泳。小兔子被送进了这所学校，它最喜欢跑步课，并且总是得第一；它最不喜欢游泳课，一上游泳课它就非常痛苦。

但是兔爸爸和兔妈妈要求小兔子什么都学，不允许它有所放弃。小兔子只好每天垂头丧气地到学校上学，老师问它是不是在为游泳太差而烦恼，小兔子点点头，盼望得到老师的帮助。老师说：“其实这个问题很容易解决，你的跑步是强项但是游泳是弱项，这样好了，你以后不用上跑步课了，这样可以专心练习游泳……”

让兔子学游泳、鸭子学跑步显然是在浪费时间。如果我们本来没有某种优势，但是却一再地坚持不放弃，希望将我们的弱势变成优势，这是可悲的，而且代价也是巨大的。如果是兔子就去跑步，如果是鸭子就去游泳！

中国有句古话，“只要功夫深，铁杵磨成针”。讲的是只要坚持不懈，就一定能成功。但是看了上面这个寓言，我们应该意识到，小兔子根本不是学游泳的料，即使再刻苦、再努力，它也不会成为游泳能手；相反，如果训练得法，它也许会成为跑步冠军。

我们都听说过“木桶理论”，说的是木桶盛水的多少，由它最短的一块木板的长度决定，由此推断出，每个人所取得的成就，由自己短板的长度决定。根据这一理论，很多人花费大量的时间，拼命地弥补自己能力上的短板，而可悲的是，补来补去，到最后大部分人都“差不多”了，看起来就好像是一个模子里刻出来的。结果是，大部分人的努力没有让自己走向卓越，反而让自己越来越平庸。

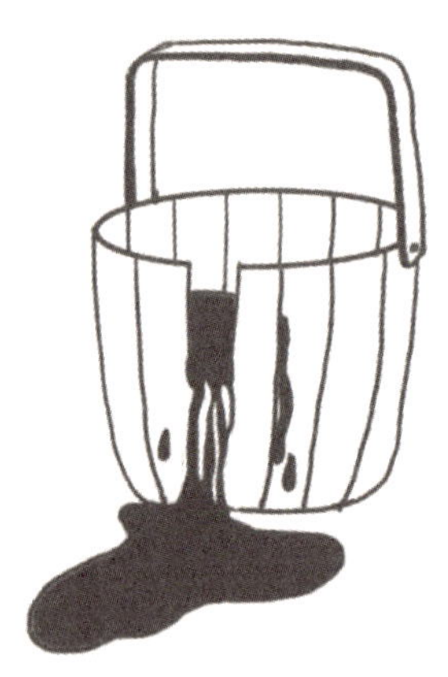

图9.3

补短板真的那么重要吗？

1917年，罗家伦报考北京大学，恰逢胡适判阅他的作文试卷。胡适看完他的文章后，毫不犹豫地给他打了满分，并向学校推荐说这绝对是一个人才。可当校委会看到罗家伦的成绩单后大吃一惊，罗家伦的数学成绩是零，其他学科也都表现平平。在校委会为此争论不休之时，主持招生会议的校长蔡元培力排众议，决定破格录取罗家伦。后来，罗家伦成为“五四运动”的风云人物、“新文化运动”的旗手，并起草了著名的《五四宣言》。

12年后，已经是清华大学校长的罗家伦在招生时遇到了钱锺书。当时的钱锺书国文特优、英文满分，而数学只有15分，和罗家伦当年考北京大学相比算是略胜一筹。钱锺书并没有达到清华大学的录取标准，但罗家伦将他破格录取。

后来，钱锺书学贯古今，兼修中外，曾领衔编译《毛泽东选集》的英文版，并完成了《围城》《管锥编》《谈艺录》《写在人生边上》等著作，赢得了“国学泰斗”的荣誉。

季羡林当年的数学也只考了4分，但这并不影响他成为一位杰出的文学家与历史学家；臧克家数学0分，但这并不影响他成为一位杰出的文学家；吴晗数学两次考了0分，但这并不影响他成为一位杰出的历史学家；马云数学曾考过1分，但这并不影响他成为一位杰出的企业家。

职场中，我常常听到有人有这样的疑问：“我的时间管理能力不好，我该怎么提高自己的时间管理能力？”“我对数字超级不敏感，我要怎么做才能对数字敏感？”“我不喜欢与人沟通，我要怎么做才能让自己变得健谈？”

在回答这些问题之前，也许我们应该先问自己3个问题：

（1）这些能力是必须在工作或生活中使用的吗？

（2）这些能力可不可以完全放弃？

（3）这些能力能不能找同伴来弥补？

如果我们必须使用这些能力，但是能力不足，那就需要刻意练习以提升这些能力，因为这是我们的工作或者生活必需的；如果有些能力我们其实基本用不上或者干脆不会用，那又何必纠结？

比如，一个专门搞职业礼仪培训的培训师，估计这辈子也用不了几次公司财务里的全面预算管理这种技能；一个金融行业的管理者，估计也基本用不到机械设计制图这种技能；一个专注做手工艺品的匠人，又何必去了解电脑软件编程这种技能。

我有位同事，是技术部门的，业务能力一流，善于钻研和创新。他很偏执，把所有的精力都用在研究技术突破和产品创新上，凡是他带领团队做出来的产品都要明显优于其他产品。但是这人同时也有很大的缺陷，他不善于处理人际关系。我们很难想象一个公司的部门负责人跟CEO一言不

合就敢拍桌子吧，但他敢；我们也很难想象下属认为领导的想法不对，可以不执行命令吧，但他敢！

通常来说，这样的人在职场上很难有好的发展吧？但是他却混得很好。为什么？因为他有自己的特长，而且这个特长足以弥补他的缺陷。公司容忍他，为的就是他的技术研发能力，而他的这种能力也确实为公司带来了巨大的价值。后来此人不断获得职位和薪酬的提升，不断获得各种大会小会上的通报嘉奖，不断获得公司分给他的干股和高额的年终奖金。

许多人以为搞好关系是职场的“王道”，但一个人能在职场中走多远，往往还是取决于他的核心竞争力，它是每个人“吃饭的家伙”，含糊不得。

也许，我们要做的不是木桶，而是一只酒提。酒提是打酒的工具。以前的酒都装在大坛子里，因为拿起坛子来倒酒太费力，人们就发明了酒提，便于深入到酒坛里舀酒。我们看到的酒提的底部跟木桶相似，但区别在于酒提有一个很长的手柄。由酒提舀酒引出来的理论，我们称之为“酒提理论”。

图9.4

被木桶理论忽悠了那么多年，其实我们只要做一只酒提就好了。每个人在刚进入职场的时候，都需要一些职场礼仪、职场思维、职场小技能等一些打底的基础技能作为酒提的底部。

这个底部非常重要，没有这个底部就是竹篮打水一场空。酒提的底做好了，再就是酒提壁，酒提壁就相当于我们的通用能力。

在未来，让我们持续进步的是通用能力，比如，领导能力、创造能力、沟通协调能力、逻辑分析能力、学习能力、跨界能力，等等。这其中的一些能力是我们不可或缺同时也是无法被未来的人工智能所取代的。我们可以考虑一下，在这些能力里我们缺少什么？

最后，酒提理论的核心部分是酒提的手柄。如果酒提没有手柄，那其他部分加起来撑死也就叫个杯子。手柄所代表的就是每个人的核心竞争力，是我们可以拿出来分分钟秒杀他人的终极技能，而这个技能也一定是我们既感兴趣又擅长的优势能力。

既然手柄是酒提的关键，那么它就需要长时间的打磨和积累。不要幻想我们一生出来就具备超能力，毕竟我们大部分人都不是万年不遇的武学奇才，不能一晚上就练出几十年才能练成的武功。任何一个行业或领域的“大神”具备的超能力都是经过长时间的刻意练习的。刻意练习的时长决定了我们的手柄的长度，决定了我们可以在多深的酒坛里打酒。

9.3　如何面对自己的缺点

“任何人都必有很多缺点，而缺点几乎是很难去改变的。但是我们却可以设法使缺点不发生作用。”

——彼得·德鲁克

每个人都不可避免地会有自己的缺点，如果不承认它们的存在，就不可能做到知己，只盯住别人的缺点而看不到他的优点，自然达不到知彼。不知己，不知彼，又如何能成事？

缺点是我们的“包袱”还是“恩典”，这取决于我们的心态。缺点绝对不会因为我们忽略、刻意不想它就消失，但绝对可以因为我们的坦诚面对而改善。消极的人将缺点视为包袱，终日为其所苦，处处设防只为了不让人知道；积极的人将缺点当作恩典，从中得到启示、找到新的方向。

面对自己的缺点 不要难过
因为并不存在完美的人
图9.5

我们会发现企业中有些人（尤其是管理者）不愿意承认自己的缺点，处心积虑地想要掩盖它们。结果却是愈掩盖就愈会对企业造成伤害，因为每当他们要掩盖缺点时必然会花费心力找理由或是找台阶下，而没有将宝贵的心力放在对企业有利的事上。

当然，公开承认自己的缺点并不是容易的事，它意味着要暴露自己的不足之处，所以许多人为了顾全自我形象，宁愿选择“瞒”“赖”与“拗”，最终往往造成资源的损耗。面对自己的不足之处，坦诚是最佳策略，能真诚面对才有可能借力补足。

自己，是最了解自己的。正确对待自己，就是人们常说的“一分为二”。每个人都有其优点，也都有其缺点，正所谓“金无足赤，人无完人”“尺有所短，寸有所长”。对于自己，只看到优点就是自负，只看到缺点就是自卑。正确对待，就是既看到优点，又看到缺点。

一个人敢于正视自己的缺点，是勇气的表现，更是智慧的体现。有缺点并不是坏事，它是通向更高层次的阶梯，只有承认不足，才能弥补不足，才能提高自己。缺点不是一堵墙，而是希望，承认自己的缺点，才有可能获得事业上的成功。

自省的力量是成长的根源，不断反思自己的缺点，是能让自己获得成功的优良习惯。但有些人总是害怕缺点，所以他们最终成了弱者。

我们所说的缺点并不是指我们不在行的领域，而是指大脑不擅长的心智功能，缺点只是妨碍我们出色发挥的其中一个因素。对每个人来说，不在行的领域多得数不清，那又有什么关系呢？我们不是数学家，不知道圆周率和平方根又有什么关系呢？

每个人的大脑都是独特的，其具有的功能也是独特的。这种独特性造成了人与人的不同，所以我们会有很多的缺点，也会有很多的优点。我们没有姚明的运动天赋、没有梁朝伟的表演天赋，但是我们也可以在另一个领域里活得很好。耗费精力在这些方面的缺点上，对我们来说没有任何意义。因此，明智的策略就是“管理”那些可能会妨碍我们发挥天赋的缺点。

对每个人而言，勇于面对自己的缺点只是第一步，如何管理缺点才是重点。当发现自己的缺点时，我们该如何管理呢？

1. 充分发挥自己的天赋优势来盖住缺点

科学家是怎样观测太阳黑子的？他们需要通过特别的仪器来削弱太阳的光芒，才能看到黑子。在清晨或傍晚，趁天空晴朗、日光微弱，他们也能看到黑子。但是，千万不要在正午前后、日光强烈的时候，直视太阳，那样，我们不但看不到黑子，反而有可能让阳光灼伤眼睛。

当我们的天赋如太阳发出的光芒的时候，我们的缺点也就被大大削弱了。所有伟大的人物都有各自的缺点，只是他们头上的光环把这些都遮盖了。常言说，“一好百好”“一白遮百丑”就是这个道理。

2. 换个角度对待缺点，将它转化为优点

一个人放错了地方就是傻子，放对了地方就是天才。世界上没有绝对的缺点。

有一个小孩，在上中学时，父母曾为他选择了文学这条路。只上了一个学期，老师就给他写下了这样的评语：该生用功，但做事过分拘礼和死板。这样的人即使有完善的品德，也绝不可能在文学上有所成就。

后来，一位化学老师了解到他做事死板的特点后，就建议他改学化学，因为化学实验需要的正是一丝不苟。改学化学后，他好像找到了自己的人生舞台，成绩遥遥领先。后来，他荣获了诺贝尔化学奖，他的名字是奥托·瓦拉赫（Otto Wallach）。

在学文学时，奥托·瓦拉赫的过分拘礼和死板是“缺点”，但他把这一“缺点”运用到化学学习中，却开拓了一条全新的道路，且这条道路与

他所谓的“缺点”十分契合，最终助他取得了巨大的成就。

因此，有时候我们应该换一个角度看待“缺点”，也许它不适用于我们当前的路，但它却能在新的道路上驰骋，让我们取得成功。

换个角度对待缺点
它说不定可以很美

图9.6

3. 建立支持系统

支持系统包括接受相关的技能培训、给自己制定个人管理措施、找有天赋的人合作等。

（1）提升技能。

如果时间管理问题影响了我们的工作绩效，那么这方面的技能培训肯定会对我们有帮助。也许我们只要花一点点时间学习几个技巧，就能有效地解决这个问题。我们没有必要成为时间管理的大师，只需要让这个缺点不再影响我们发挥自己的天赋就可以了，这并不难做到。

（2）制定措施。

《现在，发现你的优势》（*Now, Discover Your Strengths*）中介绍过一个案例。

凯文是一家软件公司的销售总监。他每天早上穿鞋前，都要花一些时间想象在左鞋上写“如果”两个字，在右鞋上写“那么”两个字。这个奇怪的小仪式就是他的支持系统，旨在控制他的一个可能酿成大祸的缺点。

凯文在工作上具备善于分析的天赋，但可惜，他缺乏战略思维。也就是说，他虽然机敏，能够分析各种数据，但是他天生不善于思考各种不同的方案及细想它们的后果。他在早上穿鞋时想象在鞋上写字，就是他想出来的绝招，他用这个绝招来提醒自己去问“如果……那么……”的问题，从而预测可能出现的后果。

（3）找人合作。

在组织中，领导者不是技术专家没有关系，只要善用具有这项专长的人才就可以了；不懂得财务管理没有关系，只要团队中有在这方面表现杰出的专业人员就可以了；不了解信息科技的发展及效用没有关系，只要能利用具有这方面专长的人就可以了。对于领导者来说，只要能设定目标，认清自己的缺点，并针对这些缺点进行补强，整合团队的人力及其他各项资源，就能够创造出令人满意的成果。

曾经有记者向日本经营之神松下幸之助请教：“哪些是经营者必备的条件？”松下的回答是：“经营者必须能善于运用比自己优秀、能力和自己不同的人才，只要有这份能力就足够了。”这样的谦卑、这样的胸襟让松下公司在他的领导下持续地茁壮成长并成为知名的成功企业。

一些“对数字头疼”的企业家经常寻找“对数字着迷”的会计师来合作。而有一位高级主管，他深知他的每个下属都有不同的特长，他却无法准确识别出来。于是，他雇了一名人力资源专家来帮助他了解每个下属的特长。

以目标为思考方向，检视自己和团队成员的能力，若是不能产生互补，就必须尽快从外部寻找合适的人才加入团队。毕竟达成目标才是团队的首要任务。

9.4　专注是人类最好的天赋

雨果说过一句很精辟的话：“一个人不能同时骑两匹马。”科学的巨人、文坛的巨匠正是因为心无旁骛、聚精会神，以终身之力去做好一件

事，才得以成为历史上的名人。董仲舒的“三年不窥园”是这样，王冕的“墨池飞出北溟鱼”也莫不如此。

1. 拒绝总统邀请的爱因斯坦

1948年5月14日，以色列国（以下简称“以色列”）正式成立。不久之后，以色列便与阿拉伯之间爆发了战争。那时，已经定居在美国十多年的爱因斯坦（Albert Einstein）立即向媒体宣称：“现在，以色列人不能再后退了，我们应该战斗。犹太人只有依靠自己，才能在一个对他们存有敌对情绪的世界上生存下去。”

以色列的首任总统魏茨曼（Chaim Azriel Weizmann）逝世后，一位记者给爱因斯坦的住所打电话，询问爱因斯坦：“听说以色列将要邀请您出任总统，教授先生，您会接受这个邀请吗？”

“不会的，我当不了总统。”爱因斯坦斩钉截铁地说。

“教授先生，总统是象征性的，您是最伟大的犹太人。哦，不，您是全世界最伟大的人。由您来担任以色列总统，象征犹太民族的伟大，这再合适不过了。”这位记者说。

“不，我干不了。”爱因斯坦依然坚定地说。

爱因斯坦刚放下电话，驻华盛顿的以色列大使就打进来。大使说：“教授先生，我是奉以色列总理本·古里安（David Ben-Gurion）的指示，想请问您一下，如果提名您做总统候选人，您愿意接受吗？”

“大使先生，关于自然，我了解一点，但是关于人，我几乎一点也不了解。我这样的人怎么能当总统呢？麻烦您向外界解释一下，帮我解解围。”

大使进一步劝说：“教授先生，已故的总统魏茨曼先生也是教授，他能胜任，您一定也可以的。”

“魏茨曼和我不是一个类型的人。他能做到的，我不一定能做到。”

大使最后说：“教授先生，请您再认真地考虑一下。全世界每一位犹太人都在期待您成为总统呢！”

不久后，爱因斯坦在报上发表声明，正式谢绝出任以色列总统。

对世人来说，国家总统是一个令人羡慕的职位，也是许多人梦寐以求的。当上总统不仅可以获得权力和地位，而且可以光宗耀祖，流芳百世。作为科学家，爱因斯坦贵在有自知之明，他明智地根据自己的特长进行人生规划、确立目标并一直为之奋斗，十年磨一剑，终于在光电效应理论、布朗运动和狭义相对论三个不同的领域中取得了重大突破。

相对论的诞生，使人们发现了时间旅行的奥秘、原子裂变的巨大能量、宇宙的起源和终结、黑洞和暗能量等奇妙现象。这个世界还有许许多多的奥秘都隐藏在他的相对论中，等待着世人继续发掘。

勇敢地追寻最适合自己的地方

图9.7

2. 股神的秘诀

自沃伦·巴菲特（Warren Buffett）被人们称为“股神”以来，试图揭秘他的财富密码的文章和书籍就层出不穷。有人说他能够获得这些财富是因为他有眼光，有人说是因为他理论基础扎实。

在一次晚宴上，比尔·盖茨的父亲问大家：“人最重要的特质是什么？”巴菲特回答说：“专注。”比尔·盖茨的答案也和巴菲特相同。

巴菲特在6岁的时候就喜欢和数字打交道，当他有1美元的时候，会想方设法让它变成10美元。小时候去教堂，他会通过根据赞美诗集中作曲者们的出生和死亡日期来计算他们的寿命以消磨时间。

巴菲特的传记作者艾丽斯·施罗德（Alice Schroeder）在《滚雪球：沃伦·巴菲特和他的财富人生》（*The Snowball*）这本书中提到：“巴菲特每天最重要的事是读报纸，从财经类报纸中分析并寻找投资机会。正是对‘赚

钱'的专注，使他无时无刻不在思考和积累，才让他成为今天的他。

"什么是专注？是追求完美，是精益求精，是知道自己能做什么，不能做什么之后，全心全意地做自己能做的事情。巴菲特知道自己的边界在哪里，所以，他只专注于做好两件事——投资和生活。

"为了做好投资，他不断阅读各类书籍，不断研究大量的财务报表和股票记录，不断了解商业循环模式、华尔街的历史、资本主义的历史和现代公司的历史。他密切关注全球政局，并分析其对商业的影响。他乐于分析经济策略，努力让自己彻底明白不同经济策略的意义所在。他几乎不关注商业以外的任何事情——艺术、文学、科技、旅游、建筑，因此他可以完全专注于自己的所爱。"

专注是人类最好的天赋

图9.8

"专注"表面上也许是一个没有多少智慧色彩的词语，即便跟同样"不聪明"的"勤奋"一词相比，它似乎也在行动力上略逊。但纵观巴菲特的投资经历，我们不难发现"专注"在风云变幻的大环境下的可贵：它不仅是一种保持理性、排除干扰的控制力，也是一种有所为、有所不为的魄力，它是一门减少枝蔓、宛如修炼的艺术。

一生告诫自己"何为浮名绊此身"的李政道，成就缘于"激情燃烧"的袁隆平、金怡濂等人，他们一生甘坐冷板凳，在科学的山道上跋涉前行，锲而不舍。

达尔文忙活了一辈子，发现了"人是猿猴演化来的"这个再普通不过的道理；麦哲伦终生的杰作证实了"地球是圆的"这个今天连一个小学生也知道的常识；曹雪芹劳累终身、呕心沥血，一本《红楼梦》写尽人生百态，渗透世态炎凉；莱特兄弟为了让飞机能冲向云霄，打了一辈子的光棍，他们很幽默地说：“既要管牢飞机，又要照顾妻子，我们实在做不到。”

我们的人生充满着各种各样的道路、各种各样的选择、各种各样的机会、各种各样的决定，但是我们的人生也存在着很多局限，我们不可能做到无处不在，无所不见，无所不能。

我们受制于自己的健康、财富、知识、信仰等，而最大的局限是我们最宝贵的时间。有限的时间做不了无限的事情，要成事，必须专注。因为专注，才有“夸父追日”的坚持，才有“精卫填海”的毅力，才有“愚公移山”的执着，才有“闻鸡起舞”的勤勉。

如果你一直找不到自己的天赋，也许专注会成为你最好的天赋。

9.5 做自己最擅长的事情

我有位朋友Grace，天生喜欢安静，不擅长交际，更不喜欢影响别人。因为她平时工作努力，被公司提拔为项目经理。可是，当被提拔为项目经理后，她逐渐显露出她管理天赋的欠缺。Grace为此很郁闷，她在这个岗位上坚持了半年，最终还是熬不过去，坦然辞去了项目经理的职位，专心做她自己擅长的研发工作。她本性安静，这使她完全沉醉在自己的研发工作中。

如果我们用心观察那些成大事者，会发现他们都有一个共同的特征——所做的都是自己擅长的事情。

约翰·梅杰（John Major），近百年来最年轻的英国首相。年仅47岁的他就登上了首相宝座，成为举世瞩目的风云人物。然而，他在学生时代时并无过人之处，16岁那年他甚至因成绩太差不得不退学。还有一次，他因为心算不合格未被录取为公共汽车售票员。

很多人都想不通，一个连售票员都不能胜任的人怎么当了首相？对此，梅杰巧妙回应道：“首相不是售票员，用不着心算。”

谁也无法在所有方面都超过别人。只要我们能够在某一个方面、甚至

是某一个点上超过别人，就已经很了不起了。

1929年，乔·吉拉德（Joe Girard）出生在美国的一个贫民窟，他从懂事起就迫于生计做报童、送货员、洗碗工、电炉装配工和住宅建筑承包商，等等。但在所有从事过的工作中，他一直没有找到最适合自己做的事。有了妻子和孩子以后，他的生活条件进一步恶化。为了养家糊口，他开始步入推销领域。

没想到乔·吉拉德刚开始做推销就得心应手，这恰好是他的强项，他把自己的全部精力都投入其中。不论是在商店、街上、教堂，只要见到人，他就会把名片递上去。他抓住一切可能的机会，在推销产品的同时，也推销他自己。

通过他的不懈努力，这个曾经不被看好、背了一身外债、几乎走投无路的人，竟然能在短短的3年内被吉尼斯世界纪录评为“世界上最伟大的推销员”。他在做推销员期间一直保持着销售昂贵产品的空前纪录——平均每天卖6辆汽车！他还一直被欧美商界称为“能向任何人推销出任何商品”的传奇人物。

在人生的岔口面临抉择时
不如选择自己最擅长的路

图9.9

我们每个人都不完美，每个人都有自己的缺点，也都有自己不擅长的领域。当然，我们可以选择做自己不擅长的事情，但是如果我们想要在有限的生命中有所建树，做自己擅长的事情也许是最直接、最实用、最正确的选择。

马克思（Karl Heinrich Marx）几乎花了毕生的心血研究资本主义社会的运动规律，他发现了资本主义社会赖以生存的奥秘，从而在政治经济学中实现了一场革命。但是，马克思早年的兴趣有很多，尤其是文学和诗。

马克思在学生时代便有广泛的爱好，并显露出多方面的才华。他在中学时期特别重视语文课，由于他的想象力丰富，阅读的东西又很多，加之语法知识掌握得很好，因此他的作文写得相当生动，深受老师们的赞赏。

17岁那一年，他考进了波恩大学，攻读法律。大学使他置身于一个广阔的知识海洋之中，他几乎断绝了从前的一切交往，专心致志于研究科学和艺术。除了学习法学课程之外，他还选修了文化史和文学艺术史、希腊和罗马神话、荷马史诗等课程。

他潜心研究文学艺术，怀着强烈的创作欲望，希望在这方面施展自己的才华。他开始翻译古罗马诗人的作品，使自己在这方面得到更多的锻炼。他还利用空余时间写诗，既写讽刺诗，又写叙事诗，写得最多的是抒情诗，抒发自己对亲人的思念。

马克思在诗的感情上是真挚的，但在艺术上并没有什么独到之处。马克思善于剖析自己。他认为文学应当接近实际，而不应当漫无边际地遐想，玩弄辞藻不能代替诗意，形式主义的诗既没有鼓舞人心的意义，也没有振奋人心的思想。他认识到写诗并不是自己的所长，自己或许永远也不能成为一个真正的诗人。

看到这一点后，他毅然把留存在身边的诗稿一并毁掉。从此之后，马克思便集中精力，在自己最擅长的哲学和政治经济学领域里刻苦耕耘，并最终和恩格斯共同创立了马克思主义学说。

明代著名医药学家李时珍，早年三次考举人都失败了，当他领悟到自己的志趣和特长是悬壶济世后，便写出了流传千古的医药学巨著《本草纲目》；清代才华横溢的蒲松龄，四次科考均落第，只待他断然丢弃八股文，立志于文学创作后，才写成了不朽名著《聊斋志异》；连续三年考大学失利的苏阿芒，改志自学语言，在掌握了20多个国家的语言后，终成为著名的世界语诗人。

这些先贤早年也是在以己之短搏世，但他们一旦顿悟，就会果断地修正人生目标，发挥自己的优势、潜能，终有所成。在选择人生努力的方向时，只要我们确定了最能使我们的长处得到充分发挥的方向，并锲而不舍地走下去，就比较有可能获得成功。

这个道理可以从经济学的原理中得到解释：

（1）从机会成本角度来思考。如果我们做出一个选择，就必须放弃其他的选择，但是，每放弃一个选择，都会体现出这个选择的机会成本。如果我们选择擅长的事情，就意味着损失了最小的机会成本，获得了最大的效益。

（2）从效率原则角度来思考。如果某人擅长画画，不擅长打篮球，那么他画画的效率显然会高于打篮球的效率。他做画画这件事情时可以更得心应手，不会浪费他的努力和付出，还会获得最大的效益。

我们应该把喜欢和擅长综合起来考虑，寻找两者之间的交集。

2008年4月初，在上海交通大学的一个“创新与创业大讲堂”报告会上，百度创始人李彦宏谈起了自己的创业体会：“百度始终没有去做其他事情，不管那些事情多么赚钱。短信曾经非常赚钱，游戏到现在仍然非常赚钱，门户可以做得非常大，但我们都没有去做。因为我的理想并不在那些领域，我喜欢的东西是通过我的技术让更多的人更容易地获得信息。

“作为一个工程师出身的创业者，我希望把自己的技术运用到社会上去，让更多的人从中获得收益。这么多年来，在大家看来我没走什么弯路，很重要的原因就是我只做自己理想中喜欢的并且擅长的事。

“开始的时候，每个人一定要想想自己最擅长做什么。当前除了少数垄断行业之外，整个商业社会竞争是非常充分、非常激烈的，如果说这件事情别人做起来比你更擅长，那你再喜欢它也没有用，你是做不过人家的。所以，一定要考虑一下自己最擅长做的事情是什么，你再去做。”

我们并非完美，也并非无所不能。在有限的生命中我们能做多少事？如果以吃喝玩乐为梦想，大可随波逐流，不必考虑那么多；如果渴望做一番事业，何不把精力专注在自己最擅长的领域上，做自己最擅长的事情呢？

9.6　如何发现自己的优势

人要想有所成就，必须对自己有基本的认识。比如，我的英语也许差一些，但我写小说、诗歌是能手；我可能解不出那么多的数学难题，或记不住那么多的英语单词，但我在处理事务方面却有特殊的才能，能知人善任，有高超的组织能力；也许我连一个苹果也画不好，但是我却有一副动人的歌喉；也许我不善于运动，但我有着过人的棋艺。

发现自身的优势对每个人来说意义重大，然而却有许多人不知道该怎么做。很多人都有这样的疑问：我怎么知道自己是否正在做自己最擅长的事情呢？我怎样才能发现自己真正的优势所在呢？

人的优势是指那些能让自己感到自己很强大的事，在那些方面我们最具有创造力，能想出最好、最新的方法，而且会产生成就感和满足感。

仔细回忆自己的学习、生活、工作经历中给我们留下深刻、难忘、激动、兴奋的印象的东西或体验，或者回忆我们很顺利、高质量地完成的某件事情、学习掌握某个知识或技能的经历，这可能就是我们独特优势的标志信号。

站到一定的高度
你会发现更多
图9.10

优势可以通过四个标志信号找到，它们首字母的缩写是“sign”。

1. success（成功）——充实、高效、创造力和成就感

当我们做某类事情时，比别人做得更快，比别人更善于发挥天赋，能行云流水般地一气呵成，这就是一个信号。比如，给出同一个写作题目，有人从读题到构思可能要花费很多时间，也许还会毫无头绪，但有人却可以思如泉涌，顺手拈来，妙笔生花。这当然代表着这个人在这方面比他人更有天赋。

2. instinct（直觉）——期待、兴奋、吸引力和探索欲

当我们看到别人在做某件事时，我们心里是否会有一种痒痒的感觉：“我也想做这件事”。我们是否有过在日常的工作、学习和生活中，对某种刺激感到很兴奋，而对其他刺激无动于衷的经历？我们是否有过很愿意做某件事而且有能做好的信心的经历？这些都是最重要的信号，它诠释了我们潜在的、独特的优势。

中国台湾著名漫画家朱德庸说他仍依稀记得他的第一幅漫画：“大约四五岁时，有一天我非常激动，好像有一支笔一直叫着我的名字，说用我来画漫画吧。”这恰恰是一个重要的信号，它诠释了朱德庸在漫画上的独特优势，幼年的朱德庸没有忽视这个信号，马上拿起笔画起来，一画就是几十年。

3. growth（成长）——轻松、简单、专注力和求知欲

我们在做某类事情时非常快，无师自通，这会是一个重要信号。从小到大，我们的同班同学都是接受同样的课程与教育，但对不同科目，大家的学习能力有所不同，导致学习成绩会相差很大。

很多人会发现自己在做一些事情时需要学习，需要不断地去修正和演练，而在做另外一些事情时，却几乎是自发地、本能地去完成这些事情。

如果我们在某些方面具备出众的能力，那么即便没有经过相关的教育与培训，我们依然可以驾轻就熟。比如流行歌手戴佩妮、郑智化虽不识五线谱，却创作出了不少颇受欢迎的歌曲。有销售天赋的人，天生就可以很

快拉近和陌生人的距离，并且容易与别人保持良好的关系。

4. need（需求）——想要、需要、存在感和满足感

有个广为流传的演讲叫“How bad do you want it”（你究竟有多想成功），演讲里说：“大多数人说想要成功，大多数人也只是嘴上说说。他们对成功的渴望还比不上他们想要去聚会的渴望，比不上他们想要购物的渴望，甚至比不上他们想要睡觉的渴望。”有多想做某件事决定了有多大可能做成某件事。

我们有没有非常渴望做的事情？当我们完成某件事时，是否感受过满足感？当我们运用某些能力时，是否感到开心和欣喜？这都会是我们内心对某个方面有“需求”的信号。

当某个方面对我们来说同时满足这四点的时候，不要犹豫，那一定是我们要找的东西！

除了“sign”方法之外，我们还需要注意以下几点。

1. 微弱的优势也是优势

有时，微弱的优势很容易被我们忽略，即使发现了，我们也不认为那微弱的优势能给我们带来多大帮助。

日本是蜂蜜消费大国，但其蜂蜜产量却很低，只得依赖进口。为了提高蜂蜜产量，日本人引进了采蜜高手——欧洲蜜蜂。可是，被日本人寄予厚望的欧洲蜜蜂并没有创造产量奇迹，反而几乎“全军覆没”，因为它们遇到了蜜蜂的天敌——大黄蜂。

大黄蜂的身长是普通蜜蜂的3倍、体重是普通蜜蜂的20倍，它们总是成群出动攻击蜂巢，杀死成年蜜蜂、抢夺蜂蛹去喂养自己的幼蜂。欧洲蜜蜂也进行了顽强的抵抗，它们都挤在蜂巢口迎敌，想把敌人阻挡在蜂巢之外，但因出口狭小，它们很容易地就被大黄蜂群堵在蜂巢中，再被分批消灭，就这样，欧洲蜜蜂几乎被大黄蜂灭群了。

日本人引进欧洲蜜蜂的计划以彻底失败而告终。这件事引起了研究人员的兴趣，日本蜜蜂也同样面临着大黄蜂的威胁，可为什么它们却能生存下来呢？经过观察，他们终于揭示了其中的奥妙。

原来，大黄蜂在每次进攻蜂巢前都会派出一个“侦察兵”，打探好虚实再集体行动。但当这个“侦察兵”找到日本蜜蜂的蜂巢并确定方位、标出记号后，日本蜜蜂就会把它团团围住，并且采取“贴身紧逼”战术，前赴后继地跃上“侦察兵”的身体，瞬间就把“侦察兵”里三层外三层地包了个严严实实，然后，日本蜜蜂同时挥动翅膀，发出巨大的“嗡嗡”声，十几分钟后，“侦察兵”竟失去活力渐渐停止了挣扎，最终死去。

借助红外线摄像机，人们发现，其实日本蜜蜂包裹住大黄蜂后挥动的并不是它们的翅膀，而是肌肉，在那种频率极高的挥动中它们形成的包围圈内的温度会迅速升高至46℃，大黄蜂是承受不了这种高温的，它最终因体液沸腾而被热死了，而日本蜜蜂所能承受的极限温度是49℃。就这样，小小的日本蜜蜂通过群体成员的共同努力，凭借着微弱的3℃的极限温度优势，成功保卫了家园——“侦察兵”没回去报信，其他大黄蜂不会贸然发动进攻。

2. 敢于尝试有一定难度的工作与活动

在实际运用优势能力去争取目标时，不要忽略了自己还有许多潜在的能力。心理学家认为大部分人只发挥了其所拥有的5%～10%的能力。尝试做一些对于自己来说有一定困难的工作与活动，把潜能也发挥出来，你的成就也许会大大超过期望。

光威集团创始人陈光威先生48岁开始创业，用了10年的时间将光威集团做成了全球最大的渔具生产基地。生产碳素鱼竿预浸料的原材料是碳纤维，受西方发达国家的限制，我国的碳纤维采购处于“通知性涨价，赏赐式供给”的被动局面。

当时陈光威率领的光威集团已经具备了较大的规模和资金，到了产业升级和扩张的时候。这时他提出一个想法：研发与生产碳纤维！许多人劝他应该把资金投资房地产，因为碳纤维投资大、见效慢、投资回报率低，先进技术都在发达国家手里，发展这个产业太难了，这是国家该做的事情，而不是一个商人该做的事情。然而，富有民族气节的山东汉子陈光威毅然下定决心，开始研发这个号称“21世纪新材料之王”的产品——碳纤维。

经过几年艰苦的二次创业，陈光威率领的团队先后开发出T300级、T700级、T800级和高强高模型系列碳纤维产品。他和他的团队建成了国内首条千吨级碳纤维生产线，打破了国外的技术封锁和市场垄断，填补了国内空白，通过了航空应用验证，开启了我国民营原材料企业在航空军工领域应用的先河，基本实现航空用碳纤维国产化目标，在中国碳纤维发展史上具有里程碑意义。陈光威本人也成为国内知名的碳纤维技术专家、领头人。

3. 倾听他人的意见

虽然我们要相信自己，但是有时候，他人却可以更清楚地认识我们。有时候我们常常对自己的优势视而不见或者无法超越自身之外去客观地评价自身的优势，在这种情况下，我们需要认真地倾听他人的看法，对符合自己情况的观点认真体会和实践。

曾经有一位画功细腻、画风干净利落的中国画家在日本东京寻求发展，但一直都没有找到合适的机会。有一次，他的一位朋友劝他可以考虑与一些漫画社合作，画一些现在年轻人喜欢看的青春漫画，他的绘画风格正好和这种类型的漫画接近。他听后感觉自己被贬低了，他认为自己是未来可以开大型画展的“著名画家”，怎么能画漫画这种小儿科的东西。

几年之后，他还是没能在东京站住脚，默默地回国了。因为他认为他的画风太过“艺术和高雅”，不适合大都市的氛围；因为他太过追求名利，不仅对自己的优势视而不见，而且对他人的建议不加考虑，最终导致看不见自己的优势，碌碌终生。

4. 借助专业的测评

能力测评一般分为两类：一类是测先天的能力，比如我们通常说的智力测评；一类是测具体的职业相关能力，它可能综合了认知能力、管理能力、社交能力、学习能力，其中有先天的能力，也有很多是后天可以培养的能力。

通过问自己以下问题，回顾并描述自己能做的事情，归纳相应的能力：

（1）别人认为我哪方面最出色？

（2）我自己最拿手的事是什么？

（3）我曾做过的最得意的事是什么？

（4）详细描述我做过的最得意的一件事：

① 事情的概况是什么？

② 当时我都遇到了什么困难？

③ 我采取了什么解决办法？

④ 最后得到了什么样的结果？

⑤ 在这件事中，体现了我的什么能力？

当自我认知之树长成时
自然会结出丰硕的果实

图9.11

其实，发现自己的优势，并不是一件非常容易的事情，这需要建立在自我认知的基础上。人们很容易受到自己各种欲望的蒙蔽，难以从中透视到自己的优势。如果我们想发现自己的优势，就必须诚实地面对自己的内心，聆听内心中最真实的声音。

结 语

曾经有位朋友问我："我发现周围有很多牛人，他们给自己定下目标后，总能坚持执行自己的目标，而我却不行。我有两个很要好的朋友，本来我们三个人的情况都差不多。后来有一位朋友开始在电商平台上创业，刚开始赔钱，赔了两年以后开始赚钱，现在一年的流水有几千万元，生意做得风生水起。

"而另一位朋友，从两年前开始写文章，在自媒体平台上输出，每周输出三篇文章。现在他各个平台的粉丝数加一起已经超过10万，他准备把自己的培训课程变现了。而我，还是原来那样。别人都在走向成功，好像只有我停在原地。你说我为什么会这样？你能不能写一篇文章帮我分析分析，这是为什么？"

我说："其实不需要一篇文章，一句话就够了。因为别人在'做'，而你在'看'。"

许多人常说，只要我稍微用用功的话，我也能变得很牛。是的，牛人和普通人一样没有什么特异功能，也不是什么天才，更不是生下来就会飞。他们和普通人的唯一区别是：很多事情他们真的坚持去做了，而普通人没有。开始的时候，普通人还能望其项背，久而久之，就只能望尘莫及了。

俞敏洪说："所有的人都是凡人，但所有的人都不甘平庸。我知道很多人是在绝望中来到了这里，但你们一定要相信自己，只要坚持努力，奋发进取，在绝望中也能寻找到希望，平凡的人生终将会发出耀眼的光芒。"

生活中有许多机会，让我们不得不面对自己身上的缺陷和弱点。现实会一次又一次地提醒我们，我们不是完美的人，需要改变。可人性是懒惰和脆弱的，大部分人选择麻痹自己，转向短期的即时满足。只有少数人选择改变自己，于是就会有痛苦、有放弃，却也有成功。

可是，人为什么不喜欢行动呢？

1. 不愿做

常见的症状有：

（1）动机不明确。

动机是行动之源，我们为什么做这件事？为了出名，为了有钱，为了更好地生活，为了完成某个使命，为了看到某个画面，或者为了人类的和平？

为什么做，是我们一定要问清楚自己的问题。问不清楚怎么办？静下心来接着问。

（2）意念不坚定。

一会儿想这样，一会儿又想那样。比如，今天觉得卖白菜赚钱，卖着卖着又觉得太累，还是卖猪肉赚钱，后来又觉得还是卖土豆好。没有定数，也没个定论。必要的规划之后，你想干啥就好好干啥，遇到困难就解决困难。如果这条路真的没法往下走，走另一条路也是同样的道理。

（3）想象力太丰富。

拿追女生举例，所有人都喜欢漂亮女生，但为什么很少有人会去追？因为能想象得到困难太多。

比如：

①她这么漂亮，一定喜欢帅哥，喜欢有钱的男生，我既不帅也没钱，肯定失败；

②如果失败了她的朋友会把我当笑话，会四处传播；

③如果失败了我的朋友会嘲笑我，以后我无法面对朋友和熟人；

④我可能会被当作流氓，会被认为不矜持；

⑤这里这么吵，人这么多，不适合与她交谈；

⑥她现在好像心情不好，我等她心情好了再过去；

⑦这么漂亮的美女肯定有男朋友了，或者一定有很多男人追求；

……（省略无数个可能）

这些困难真的存在吗？没有真正去了解情况，没有真正试过，你怎么知道呢？

2. 不会做

很多人说：“我不去做，是因为不知道怎么做。如果知道了怎么做，我当然会去做。”这个道理没错，可是，不会做是谁的问题？是父母的问题，是社会的问题，是国家的问题，还是自己的问题？

解决不会做的问题，可以拜师、可以问高手、可以上网、可以报培训班、可以把本书多看几遍后再行动……我们的选择如此之多。我们又不笨，只要肯学，会有多难？所谓不会做，其实更多的还是因为我们不是真的想要。更多时候，我们只是“想想而已”。

比如，小明不会游泳，有人说，只要你10天之内学会游泳，就能获得100万元的奖金；如果你学不会，我就打你一顿。这时候，小明能不能学会呢？如果我们以这种心态对待每一件想学会的事情，又有什么学不会呢？

其实许多技能的背后都暗含着“奖励”，功不唐捐，只要学会，总会获益。只是这种获益，会在不同的时间、以不同的形式体现。

3. 不能做

我没有钱。

我不认识人。

我没有关系网。

我没有资源。

是啊，有些人觉得自己啥都没有，所以心安理得地认为自己啥都不能做。有太多原来比这些人还差、还惨、还没有资源的人最后都过得比这些人好。与其总是想自己没有什么，不如好好问一下自己有什么吧。

一个行动胜过无数个空想，不要让自己对于梦想只是想想。离开那滋生堕落的温床吧，哪怕只是为了一个小小的目标，行动起来才有可能实现目标，小目标的积累会变成大成就。行动起来，把自己塑造成自己心

目中的样子。

为什么我们懂了那么多道理，却依然过不好这一生？

因为别人在“做”，而你在“看”。

每一个趋于优秀的人格、每一个趋于成熟的心智，都是经过了多少次自我改造和行动的结果。没有试图改变自己的人，继续重复着自己日复一日的生活，看着那些早已烂熟于心的风景；而对于正在改变和行动的人来说，每一天都是全新的。只有我们自己坚持信念，并积极地投入其中，脚踏实地去改变、去实践、去行动，才有可能获得属于自己的精彩！